人力资源和社会保障部职业能力建设司推荐
冶金行业职业教育培训规划教材

冶金煤气安全实用知识

袁乃收　奚玉夫　李殿明　王庆敏　编著

北　京
冶金工业出版社
2013

内 容 提 要

本书结合冶金企业煤气生产实际，系统地阐述了冶金煤气的基础知识和冶金煤气生产、净化、输配、使用过程中操作、检修、维护、防护、检测以及发生煤气事故时的人员救护等安全知识和要求。

本书内容翔实、实用性强，可作为冶金企业涉及煤气的管理人员、操检人员及煤气安全专业管理人员培训用教材，也可供从事冶金煤气设计、研究的人员和现场工程技术人员参考。

图书在版编目（CIP）数据

冶金煤气安全实用知识／袁乃收等编著．—北京：
冶金工业出版社，2013.1
冶金行业职业教育培训规划教材
ISBN 978-7-5024-5985-7

Ⅰ. ①冶… Ⅱ. ①袁… Ⅲ. ①冶金工业—煤气—安全技术—职业教育—教材 Ⅳ. ①TF055

中国版本图书馆 CIP 数据核字（2012）第 238714 号

出 版 人 谭学余
地　　址 北京北河沿大街嵩祝院北巷 39 号，邮编 100009
电　　话 (010)64027926 电子信箱 yjcbs@cnmip.com.cn
责任编辑 马文欢 美术编辑 李 新 版式设计 孙跃红
责任校对 石 静 责任印制 张祺鑫
ISBN 978-7-5024-5985-7
冶金工业出版社出版发行；各地新华书店经销；北京百善印刷厂印刷
2013 年 1 月第 1 版，2013 年 1 月第 1 次印刷
787mm×1092mm 1/16；10.5 印张；251 千字；153 页
29.00 元

冶金工业出版社投稿电话：(010)64027932 投稿信箱：**tougao@cnmip.com.cn**
冶金工业出版社发行部 电话：(010)64044283 传真：(010)64027893
冶金书店 地址：北京东四西大街 46 号(100010) 电话：(010)65289081(兼传真)
（本书如有印装质量问题，本社发行部负责退换）

序

吴溪淳

改革开放以来，我国经济和社会发展取得了辉煌成就，冶金工业实现了持续、快速、健康发展，钢产量已连续数年位居世界首位。这其间凝结着冶金行业广大职工的智慧和心血，包含着千千万万产业工人的汗水和辛劳。实践证明，人才是兴国之本、富民之基和发展之源，是科技创新、经济发展和社会进步的探索者、实践者和推动者。冶金行业中的高技能人才是推动技术创新、实现科技成果转化不可缺少的重要力量，其数量能否迅速增长、素质能否不断提高，关系到冶金行业核心竞争力的强弱。同时，冶金行业作为国家基础产业，拥有数百万从业人员，其综合素质关系到我国产业工人队伍整体素质，关系到工人阶级自身先进性在新的历史条件下的巩固和发展，直接关系到我国综合国力能否不断增强。

强化职业技能培训工作，提高企业核心竞争力，是国民经济可持续发展的重要保障，党中央和国务院给予了高度重视，明确提出人才立国的发展战略。结合《职业教育法》的颁布实施，职业教育工作已出现长期稳定发展的新局面。作为行业职业教育的基础，教材建设工作也应认真贯彻落实科学发展观，坚持职业教育面向人人、面向社会的发展方向和以服务为宗旨、以就业为导向的发展方针，适时扩大编者队伍，优化配置教材选题，不断提高编写质量，为冶金行业的现代化建设打下坚实的基础。

为了搞好冶金行业的职业技能培训工作，冶金工业出版社在人力资源和社会保障部职业能力建设司和中国钢铁工业协会组织人事部的指导下，同河北工业职业技术学院、昆明冶金高等专科学校、吉林电子信息职业技术学院、山西工程职业技术学院、山东工业职业学院、安徽工业职业技术学院、安徽冶金科技职业技术学院、济钢集团总公司、宝钢集团上海梅山公司、中国职工教育和职业培训协会冶金分会、中国钢协职业培训中心等单位密切协作，联合有关冶金企业和高等院校，编写了这套冶金行业职业教育培训规划教材，并经人力资源和社会保障部职业培训教材工作委员会组织专家评审通过，由人力资源和社会保障部职业能力建设司给予推荐，有关学校、企业的编写人员在时间紧、任务重的情况下，克服困难，辛勤工作，在相关科研院所的工程技术人员的积极参与和大力支持下，出色地完成了前期工作，为冶金行业的职业技能培训工作的顺利进行，打下了坚实的基础。相信这套教材的出版，将为冶金企业生产一线人员理论水平、操作水平和管理水平的进一步提高，企业核心竞争力的不断增强，起到积极的推进作用。

随着近年来冶金行业的高速发展，职业技能培训工作也取得了令人瞩目的成绩，绝大多数企业建立了完善的职工教育培训体系，职工素质不断提高，为我国冶金行业的发展提供了强大的人力资源支持。今后培训工作的重点，应继续注重职业技能培训工作者队伍的建设，丰富教材品种，加强对高技能人才的培养，进一步强化岗前培训，深化企业间、国际间的合作，开辟冶金行业职业培训工作的新局面。

展望未来，任重而道远。希望各冶金企业与相关院校、出版部门进一步开拓思路，加强合作，全面提升从业人员的素质，要在冶金企业的职工队伍中培养一批刻苦学习、岗位成才的带头人，培养一批推动技术创新、实现科技成果转化的带头人，培养一批提高生产效率、提升产品质量的带头人；不断创新，不断发展，力争使我国冶金行业职业技能培训工作跨上一个新台阶，为冶金行业持续、稳定、健康发展，做出新的贡献！

前　　言

近年来，随着冶金企业的发展，煤气作为清洁二次能源，输送方便，易于燃烧控制，在冶金行业不断被回收并广泛应用。煤气在为我们造福的同时，也带来了诸多惨痛的教训和不可挽回的损失。这给我们敲响了警钟，掌握煤气安全知识至关重要，同时也让我们看到了缩短对煤气认知过程的紧迫性。对于企业的经济发展来说，一旦发生事故，企业损失的是生产效率和竞争力，并且人是生产力的主导因素，人员伤亡是不能用经济效益来弥补的，缺乏安全性的工作将极大阻碍企业的可持续发展。煤气是易燃、易爆、易中毒的危险有害物质，我们在应用时应该遵循监测监控有效、安全联锁可靠、岗位操作精准、应急救援科学的原则。

编者结合多年来从事冶金企业煤气安全管理、防护、监测以及人员救护工作，联系生产实际，重点介绍了煤气应用安全知识，全书共分冶金工业煤气基础知识，冶金煤气安全生产技术，常见煤气设备、设施的安全要求，常见煤气事故及其预防，煤气中毒窒息事故的处置，煤气系统日常管理，冶金煤气应用新技术及展望等7章。本书可作为冶金企业涉及煤气的管理人员、操检人员及煤气安全专业管理人员培训用教材，也可供从事冶金煤气设计、研究的人员和现场工程技术人员参考，也可作为煤气中毒、着火、爆炸事故抢救处置的科普读物。

在编写过程中，引用了国内一些著作、论文和煤气培训资料，在此，对文献的作者表示衷心的谢意。

受编者水平所限，书中若有错误，恳请广大读者和专家批评指正。

编　者
2012 年 8 月

目　录

1 冶金煤气基础知识

1.1 冶金煤气概念及特性

1.1.1 冶金煤气的概念

冶金企业中的煤气是指在炼焦、炼铁、炼钢、发生炉等生产过程中所产生的一氧化碳等多种气体成分组成的可燃性混合气体，即焦炉煤气、高炉煤气、转炉煤气、发生炉煤气、铁合金电炉煤气等。

焦炉煤气（cove oven gas）是指用几种烟煤配制成炼焦用煤，在炼焦炉碳化室中经过高温干馏后，在产出焦炭和焦油产品的同时所产生的一种可燃性气体，是炼焦工业的副产品。

高炉煤气（blast furnace gas）是高炉炼铁过程中产生的含有一氧化碳、氢等可燃气体的高炉排气。

转炉煤气（converter gas）是指在转炉炼钢过程中，铁水中的碳在高温下和吹入的氧生成一氧化碳和少量二氧化碳的混合气体。

发生炉煤气（producer gas）是炽热的煤在发生炉中，与从炉底吹入的空气、水蒸气或被水蒸气饱和的空气反应生成的可燃性混合气体。

铁合金电炉煤气（ferroalloy electric furnace gas）是在铁合金矿热炉和精炼炉中，在强大的电流作用下电极发热，使碳和合金矿料发生还原反应而产生的一氧化碳等可燃性混合气体。

1.1.2 冶金煤气成分组成及性质

1.1.2.1 焦炉煤气

作为混合物的焦炉煤气，其产率和组成因炼焦用煤质量和焦化过程条件不同而有所差别，一般 1t 干煤可生产焦炉气 300 ~ 350m³（标准状态）。其主要成分为氢气（55% ~ 60%）和甲烷（23% ~ 27%），另外还含有少量的一氧化碳（5% ~ 8%）、C_mH_n 不饱和烃（2% ~ 4%）、二氧化碳（1.5% ~ 3%）、氧气（0.3% ~ 0.8%）、氮气（3% ~ 7%）。

焦炉煤气在冶金煤气中属于高热值煤气，在标准状态下，其密度为 0.4 ~ 0.5kg/m³，热值为 17556 ~ 18392kJ/m³，适合用做高温工业炉的燃料和城市煤气。焦炉气含氢气量高，分离后用于合成氨，其他成分如甲烷可用做有机合成原料。

焦炉煤气为有毒和易爆性气体，在空气中的爆炸极限为 4.5% ~ 35.8%。

焦炉煤气无色、有异味（含有大量的芳香烃化合物，如苯、萘等）。

1.1.2.2   高炉煤气

高炉煤气主要成分为一氧化碳（24%～26%）、二氧化碳（14%～16%）、氮气（56%～59%），另外还含有少量的氢气（1%～2%）、甲烷（0.3%～0.8%）、氧气（<0.8%）。

高炉煤气属低热值煤气，标准状态下热值为 3344～4180kJ/m³，着火温度为 650～700℃，理论燃烧温度为 1400～1500℃，密度为 1.29～1.30kg/m³，爆炸极限为 46%～68%。高炉煤气经水洗涤，具有一种瓦斯泥味，即松花蛋味或者碱石灰味。但干燥的高炉煤气气味很淡。

1.1.2.3   转炉煤气

转炉煤气是一氧化碳和少量二氧化碳的混合气体。回收的顶吹氧转炉炉气含一氧化碳 60%～80%，二氧化碳 15%～20%，以及氮、氢和微量氧。转炉煤气的发生量在一个冶炼过程中并不均衡，成分也有变化。通常将转炉多次冶炼过程回收的煤气输入一个储气柜，混匀后再输送给用户。转炉煤气无色，具有铁腥味。转炉煤气的灰泥有可燃性。在标准状态下，转炉煤气的热值为 6270～8778kJ/m³，着火温度为 630℃，理论燃烧温度较高于高炉煤气的燃烧温度，密度为 1.30kg/m³，爆炸极限为 18.22%～83.22%。

1.1.2.4   发生炉煤气

发生炉煤气的主要成分为一氧化碳（27%～30.4%）、氢（7%～10%）、甲烷（16%～18%）、氮（40%～50.6%）、二氧化碳（1.6%～2.2%）等。发生炉煤气分空气煤气和混合煤气两种。前者由煤和空气作用制得；后者由煤用空气和蒸汽作用制得，热值高于前者。在标准状态下，热值为 3760～6270kJ/m³，着火温度为 650～700℃，理论燃烧温度为 1300～1500℃，密度为 1.16kg/m³，爆炸极限为 21.5%～67.5%。

1.1.2.5   铁合金电炉煤气

铁合金电炉煤气主要成分为一氧化碳（61%～75%）、二氧化碳（4.3%～8.1%）、氢（4.4%～14.9%）、甲烷（0.7%～6.5%）、氮（9.8%～14.7%）氧（1.0%～1.3%）等，有效燃料成分约占气体体积的 80%，密度为 1.26kg/m³，其主要成分是一氧化碳，发热值为 9700～11700kJ/m³，爆炸极限为 7.8%～75.07%。

1.1.3   冶金煤气的燃烧特性

1.1.3.1   焦炉煤气的燃烧特性

焦炉煤气含氢、甲烷多，燃烧速度快，火焰较短，燃烧时火焰透明，黑度较小，火焰辐射能力较差。另外，焦炉煤气燃烧火焰刚性较差，容易上浮，对于要求火焰具有足够刚性以便定向传热的锅炉来说，必须与高炉煤气混合后使用，故一般多与高炉煤气混配后用于加热炉加热。虽然焦炉煤气中一氧化碳（CO）含量较少，但仍会造成人体煤气中毒。

1.1.3.2 高炉煤气的燃烧特性

高炉煤气热值低，气量大，因此对于冶金工厂大部分加热炉不能直接利用，而是与焦炉煤气或转炉煤气等高热值煤气混合使用。高炉煤气由于一氧化碳含量高，极易造成煤气中毒。高炉煤气是煤气综合利用的主要气源。纯净的高炉煤气由于热值低，燃烧时极易脱火、灭火，即离开大于700℃以上的高温就灭火。

高炉煤气的成分和热值与高炉所用的燃料、所炼生铁的品种及冶炼工艺有关，现代的炼铁生产普遍采用大容积、高风温、高冶炼强度、高喷煤粉量、热风炉富氧等生产工艺，采用这些先进的生产工艺提高了劳动生产率并降低能耗，但所产的高炉煤气热值更低，增加了利用难度。高炉煤气中的二氧化碳、氮气既不参与燃烧产生热量，也不能助燃，相反，还吸收大量的燃烧过程中产生的热量，导致高炉煤气的理论燃烧温度偏低。高炉煤气的着火点并不高，似乎不存在着火的障碍，但在实际燃烧过程中，受各种因素的影响，混合气体的温度必须远大于着火点，才能确保燃烧的稳定性。

高炉煤气的理论燃烧温度低，参与燃烧的高炉煤气的量很大，导致混合气体的升温速度很慢，温度不高，燃烧稳定性不好。

1.1.3.3 转炉煤气的燃烧特性

转炉煤气主要成分为一氧化碳且含量高。在冶金煤气中，转炉煤气属于热值比较高的煤气，纯净的转炉煤气一般不会灭火，燃烧时呈淡蓝色火焰，流速过大容易脱火。转炉煤气一旦泄漏极易造成煤气中毒。转炉煤气是钢铁企业内部中等热值的气体燃料，可以单独作为工业窑炉的燃料使用，也可和焦炉煤气、高炉煤气配合成各种不同热值的混合煤气使用。由于转炉煤气含有大量一氧化碳，毒性很大，在储存、运输、使用过程中必须严防泄漏。

1.1.3.4 发生炉煤气燃烧特性

发生炉煤气由于生产工艺的特殊性，属于热、脏煤气，燃烧时有焦炉荒煤气特性，火焰呈红黄色，易堵塞烧嘴等。近年来，很多企业开始采用对发生炉煤气除焦油工艺。

1.1.3.5 铁合金电炉煤气燃烧特性

铁合金电炉煤气由于其中一氧化碳含量很高，燃烧时与转炉煤气特性相同。热值比转炉煤气较高，燃烧时呈淡蓝色火焰，流速过大容易脱火。一旦泄漏极易造成煤气中毒。

1.1.4 冶金煤气中单一气体理化性质

任何一种煤气都是由一些单一气体混合而成的，概括冶金煤气组成成分，其中腐蚀性成分多为硫化氢（H_2S）、二氧化碳（CO_2）、氧气（O_2）、氨（NH_3）、酸根离子等，遇水对煤气设备危害极大。

有毒成分有硫化氢（H_2S）、一氧化碳（CO）、氨（NH_3）、含硫化合物、芳香烃化合物等，对人体极具伤害。

可燃成分有氢（H_2）、甲烷（CH_4）、一氧化碳（CO）、氨（NH_3）、硫化氢（H_2S）

及碳氢化合物（C_mH_n）等。

不可燃气体成分有二氧化碳（CO_2）、氮气（N_2）和少量的氧气（O_2），此外还含有粉尘微粒及微量杂质。

1.1.4.1　一氧化碳（CO）

一氧化碳为无色、无嗅、无味、无刺激性气体，相对分子质量为 28.01，密度为 1.25kg/m^3，相对密度为 0.97，微溶于水，易溶于氨水、苯、乙醇等，自燃点为 608.89℃，燃烧时火焰呈蓝色，与空气混合爆炸极限为 12.5% ~74.2%，与氧气混合爆炸极限为 15.5% ~93.9%。一氧化碳被人体吸入后，极速与血红蛋白结合，生成碳氧血红蛋白，使红细胞失去携氧能力，从而造成急性组织缺氧，即煤气中毒，一氧化碳属毒性极强的高毒类气体。国家卫生标准规定车间一氧化碳最高容许浓度为 30mg/m^3。

1.1.4.2　二氧化碳（CO_2）

二氧化碳为常温常压下略带酸味的气体，无色、不可燃，沸点低（-78.5℃），常温常压下是气体，在大气中含量为 0.03%，能溶于水生成碳酸（H_2CO_3），相对分子质量为 44.01，密度为 1.977kg/m^3，高浓液体二氧化碳密度为 1.1g/cm^3。液体二氧化碳蒸发时或在加压冷却时可凝成固体二氧化碳，俗称干冰，是一种低温制冷剂，密度为 1.56g/cm^3。二氧化碳能溶于水，20℃时每 100 体积水可溶 88 体积二氧化碳，一部分跟水反应生成碳酸。化学性质稳定，没有可燃性，一般不支持燃烧，但活泼金属可在二氧化碳中燃烧，如点燃的镁条可在二氧化碳中燃烧生成氧化镁和碳。二氧化碳能刺激呼吸系统兴奋，引起呼吸加快、困难，浓度高时有窒息危险。

1.1.4.3　氢气（H_2）

氢气是无色、无嗅的气体，是世界上已知的最轻的气体。与空气混合可形成爆炸性混合气体，它的密度非常小，只有空气的 1/14，即在标准大气压、0℃ 时，密度为 0.0899kg/m^3。相对分子质量为 2.016，难溶于水，着火温度为 580 ~590℃。爆炸上限为 74.2%，爆炸下限为 4%。氢气很易着火，所以安全性不高，但氢气燃烧后生成水，不会污染环境，又被称为"清洁氢能"，在生产过程中，要减少和消除静电积累以及产生火源的条件。

1.1.4.4　氮气（N_2）

氮气是无色、无嗅的气体，熔点为 63K，沸点为 75K（-195.8℃），临界温度为 126K，它是个难以液化的气体。在水中的溶解度很小，在 283K 时，1 体积水约可溶解 0.02 体积的氮气。相对分子质量为 28，密度为 1.25kg/m^3。在常温下，化学性质不活泼，不燃烧。在冶金生产中，常用氮气作为煤气应用中的防火防爆置换和气密性试验气体。在空气中含量增加时会造成缺氧窒息。在高温下，氮变得比较活泼，并能与氢、氧和一些金属起化合反应。

1.1.4.5　氧气（O_2）

氧气是空气的组分之一，无色、无嗅、无味、助燃，在空气中含量为 21%，相对分子质量为32。氧气比空气重,在标准状态(0℃和大气压强101325Pa)下密度为1.429kg/m³。能溶于水,但溶解度很小。在压强为101kPa时,氧气在约-180℃时变为淡蓝色液体,在约-218℃时变成雪花状的淡蓝色固体。

1.1.4.6　甲烷（CH₄）

甲烷别名天然气、沼气、甲基氢化物;甲烷是无色、有微量葱臭味、可燃和微毒的气体。相对分子质量为16.04,密度为0.715kg/m³,难溶于水,与空气混合可形成爆炸性混合气体,熔点为-182.5℃,沸点为-161.5℃,闪点为-188℃,引燃温度为538℃,火焰为微弱亮光,与空气混合爆炸极限为5.3%~15%;与氧气混合爆炸极限为5.1%~61%;甲烷对人基本无害,但浓度过高时,使空气中氧含量明显降低,使人窒息。当空气中甲烷达25%~30%时,可引起头痛、头晕、乏力、注意力不集中、呼吸和心跳加速、运动失调。若不及时远离,可致窒息死亡。皮肤接触液化的甲烷,可致冻伤。

1.1.4.7　硫化氢（H₂S）

硫化氢的相对分子质量为34.08,密度为1.539kg/m³,相对密度为1.19。熔点为-82.9℃,沸点为-61.8℃。硫化氢为无色气体,具有臭鸡蛋气味,易溶于水,也溶于醇类、石油溶剂和原油中。硫化氢毒性极强,是一种神经毒剂,也是窒息性和刺激性气体。其毒作用的主要器官是中枢神经系统和呼吸系统,也可伴有心脏等多器官损害,车间最高容许质量浓度为10mg/m³;爆炸上限为45.5%,下限为4.3%。遇热、明火或氧化剂易着火。自燃点为260℃。

1.1.4.8　氨（NH₃）

氨或称"氨气",是一种无色气体,有强烈的刺激气味。极易溶于水,常温常压下1体积水可溶解700倍体积氨。相对分子质量为17,密度为0.6942kg/m³,熔点为-77.73℃,沸点为-33.34℃,与空气混合爆炸极限为15.8%~28%,与氧气混合爆炸极限为13.5%~79%。氨具有腐蚀性,可腐蚀许多金属,一般若用铁桶装氨水,铁桶应内涂沥青。氨对地球上的生物相当重要,它是所有食物和肥料的重要成分。氨也是所有药物直接或间接的组成。氨有很广泛的用途,是世界上产量最多的无机化合物之一,多于80%的氨被用于制作化肥。由于氨可以提供孤对电子,所以它也是一种路易斯碱。

1.1.4.9　空气

空气是混合物,无色无味,成分主要为氮气（约78%）和氧气（21%）。相对分子质量约29,相对密度为1,密度为1.29kg/m³,它的成分是很复杂的。空气的恒定成分是氮气、氧气以及稀有气体,这些成分所以几乎不变,主要是自然界各种变化相互补偿的结果。空气的可变成分是二氧化碳和水蒸气。空气的不定成分完全因地区而异。例如,在工厂区附近的空气里就会因生产项目的不同,而分别含有氨气、酸蒸气等。另外,空气里还含有极微量的氢、臭氧、氮的氧化物、甲烷等气体。灰尘是空气里或多或少的悬浮杂质。空气中氧含量低于17%时,即可引发呼吸困难,低于10%时会引起昏迷,甚至死亡。表1-1所示为缺氧和富氧对人体的影响。

表 1-1　缺氧和富氧对人体的影响

氧气浓度（体积分数）	征兆（大气压力下）
>23.5%	富氧，有强烈爆炸危险
20.9%	氧气浓度正常
19.5%	氧气最小允许浓度
15%~19%	降低工作效率，并可导致头部、肺部和循环系统问题
10%~12%	呼吸急促，判断力丧失，嘴唇发紫
8%~10%	智力丧失，昏厥，无意识，脸色苍白，嘴唇发紫，恶心呕吐
6%~8%	8min，100%致命；6min，50%致命；4~5min经治疗可痊愈
4%~6%	40s内抽搐，呼吸停止，死亡

1.2　冶金煤气的危险性分析

1.2.1　冶金煤气的特性和事故特点

冶金煤气作为二次清洁能源，输送方便，易于燃烧和控制，在冶金行业得到广泛的回收和应用，在生产、生活中已经占有举足轻重的地位。随着科技发展，智能化操作系统的开发和利用，煤气使用设施趋于大型化和复杂化，煤气作为易燃、易爆、易中毒的危险、有害物质，其潜在危险性是不言而喻的，由于冶金煤气中除焦炉煤气一氧化碳含量较低外，其他煤气如高炉煤气、转炉煤气、铁合金煤气、发生炉煤气均含有大量的一氧化碳，极易造成人员中毒；焦炉煤气由于主要可燃成分为氢气和甲烷，一氧化碳含量一般只在 6%~9%，它与空气混合后易形成爆炸性混合气体，易于着火或爆炸（爆炸极限为5.6%~30.4%），对人和周围环境产生的破坏影响面最大。

另外，一旦煤气发生泄漏，所引起的最大危害就是煤气在大气中迅速扩散和飘逸，这就决定了煤气事故的特殊性即波及范围广、持续的时间长、极易造成群死群伤。

冶金工厂煤气的组成及在空气中爆炸范围如表1-2所示。

表 1-2　各种煤气的组成及在空气中爆炸范围　　　　　　（%）

成　分	焦炉煤气	高炉煤气	转炉煤气	发生炉煤气	铁合金煤气
CO	5~8	24~26	60~80	27~30.4	61~75
CO_2	1.5~3	14~16	15~20	1.6~2.2	4.3~8.1
H_2	55~60	1~2	<1.5	7~10	4.4~14.9
N_2	3~7	56~59	10~20	40~50.6	9.8~14.7
O_2	0.4~0.6	<0.8	<2	<0.5	1.0~1.3
CH_4	23~27	0.3~0.8		16~18	0.7~6.5
C_mH_n	2~4			1.6~2.2	
爆炸极限	4.5~35.8	46~68	18.22~83.22	21.5~67.5	7.8~75.07

冶金煤气易燃、易爆、易中毒，决定了煤气事故灾害的大规模性，表现为着火、爆炸和毒物逸散等可能引起群死群伤的三大现代灾害形式，煤气是混合物，由于成分不一样，体现的危险性不一样。无论是焦炉煤气、高炉煤气、转炉煤气、铁合金煤气以及发生炉煤气，均具有以下特性：

（1）易燃性。从各类煤气的组成成分看，煤气是多种可燃性气体成分组成的混合气体，其特点是发热量高、易燃烧。燃烧热值一般在 $15000kJ/m^3$。

（2）易爆性。任何可燃性气体和空气混合达到一定比例，均会形成具有爆炸危险的混合气体，一旦遇到火种，就会引起爆炸燃烧。

（3）扩散性。由于煤气均属于气态，其密度在 $0.6 \sim 1.3kg/m^3$，比空气轻或接近于空气，易向上散发、飘逸。

（4）中毒性。一氧化碳是冶金煤气的可燃成分之一，是无色、无嗅、有毒的气体，一氧化碳吸入人体后与血红蛋白迅速结合形成碳氧血红蛋白，使红细胞失去携氧能力，从而造成组织急性缺氧，缺氧发展到一定程度，便引起死亡。

（5）其他危害。

1）腐蚀性。因煤气中含有饱和水分，当煤气温度低于煤气露点时，煤气中将析出冷凝水。由于原料来源和洗选条件的不同，并受煤气净化条件的限制，煤气中会含有硫化氢、二氧化碳、酸根离子等，这些物质溶于冷凝水中后形成酸，对煤气管线产生酸性腐蚀，成为管道腐蚀的主要因素。

2）尘毒慢性危害。煤气安全的另一个突出问题是煤气毒物慢性危害和煤气带来的污染，在炼焦、高炉等生产过程中，煤气放散，未净化的荒煤气含有大量的毒物和灰尘，有毒物质可能会造成人体慢性中毒，其中，苯并芘是危害最大的致癌物质。

1.2.2　冶金煤气生产现状分析

1.2.2.1　产生"社会灾害"

冶金企业作为大型钢铁联合企业，存在地域狭窄、生产单位相连、工厂紧邻居民区的现象，致使大规模煤气灾害发生时，波及附近生产单位、居民或者严重污染环境。

2011 年 7 月 28 日，某钢铁公司使用高炉煤气的轧钢厂、炼铁厂烧结车间按计划限电停产，煤气用量减少。18 时，因高炉泥炮机无法正常使用，$1080m^3$ 高炉采取减风方式生产；18 时 30 分左右，高炉加风生产，煤气量加大，造成该公司 3 台自备余热煤气锅炉因空气与煤气比例失衡全部熄火，电厂组织切断了进电厂煤气，导致煤气总管净煤气压力超过正常压力。18 时 40 分，设在轧钢厂的非标准设计的"防爆水封"被击穿，随后轧钢厂组织人员对"防爆水封"进行注水，煤气压力持续超压；19 时 40 分左右，"防爆水封"被完全冲开，煤气大量泄漏。20 时 30 分左右，煤气停止泄漏。因煤气外泄，导致轧钢厂附近作业人员及居民 114 人煤气中毒。

经分析，该事故主要问题：一是未按《炼铁安全规程》（AQ 2002—2004）要求，设置高炉剩余煤气放散装置，对煤气管网超压没有有效的控制手段；二是自行设计安装的煤气"防爆水封"不符合安全要求，且与居民住宅区安全距离不足；三是煤气安全管理混乱，在当班调度接到煤气管网超压并造成大量泄漏的报告后，未及时下达对高炉进行减风或休风操作的指令，降低煤气管网压力，造成煤气大量持续泄漏；四是未设立煤气防护站，煤气事故报告处理和应急处置预案等制度不完善，责任不落实；五是企业管理人员、作业人员缺乏培训，煤气安全素质和技能差。

1.2.2.2　生产系统化时代

由于煤气生产工艺系统高度网状化、技术化、复杂化，即使煤气系统或子系统出现简单的故障或误操作、误动作，如果处理不当都将造成连锁反应，即发生事故的多米诺效应。

2006 年 3 月 21 日某公司轧钢系统故障，紧急停炉，致使燃气厂 3 号混合站因压力波动造成焦炉煤气混配急剧减少，导致烧结机系统灭火。

2006 年 11 月 21 日凌晨 1 时 10 分左右，某公司燃气供应单位 3 号混合站因微机死机，微机重新启动时，高炉煤气阀门误动作，突然开大，造成焦炉煤气混配急剧减少，导致烧结厂系统 3 台烧结机灭火。

1.2.2.3　煤气方面高能技术的采用

由于高压、高温（工艺换热）等煤气方面高能技术的采用，事故或灾害发生往往是瞬时的，急速酿成巨大灾害，将带来管理以及预防和控制技术的艰巨性和复杂性。

随着燃气－蒸汽联合发电以及焦炉煤气制甲醇工艺的开发和工业应用，煤气应用已经将输送压力提高到 2MPa 以上，超高压的输送，使得煤气输送管道强度一旦达不到设计要求，就可能发生危险。2006 年某单位燃气－蒸汽联合发电系统，由于管线冲刷，造成管线弯头处突然爆管，大量煤气瞬间冒出，基于操作和生产现场的有效分离，未造成人员伤亡。

1.2.2.4　劳动形态的转化

随着科学技术的发展以及电子计算机的广泛应用，煤气生产使用设施向高技术化、高智能化、大型化和复杂化发展，岗位作业人员已经不像过去那样从事繁重的体力劳动，而是越来越多地用眼睛整天盯着仪器和荧光屏。机器不能代替的那部分作业，往往是单调的，全靠人的腰和手、脑等局部动作去完成，形成劳动形态的深刻变化，如由身体负荷向精神负荷转化，由动负荷向静负荷转化，由全身负荷向局部负荷转化，由肌肉负荷向感觉负荷转化等。现代煤气生产系统和装置设备，已远远超过了人的适应能力，以防止不安全行为来预防事故的传统安全管理概念和方法已经不适应了，必须从根本上消除不安全状态来预防煤气事故。

1.2.3　煤气安全的重要性

煤气作为清洁二次能源，输送方便，易于燃烧控制，诸多冶金企业将加热炉、锅炉、竖炉、烘干炉、烧结机、退火炉窑、茶水炉等逐步改造成冶金副产煤气型，取得了极好的经济效益和社会效益。

煤气从产生到净化、输送、加压、混合以及到用户使用，不仅管道、设备的分布广，而且接触煤气的人员占有很大的比例，据部分冶金企业统计，涉煤气作业人员已经占企业总人数的近1/3。由于煤气具有易燃、易爆、易中毒的特点，煤气作业存在很大的危险性，又因操作人员对煤气危险性的认知程度不足，管理跟不上，部分企业技术装备水平不高，设备设施老化，管线腐蚀严重，设备运转不良等，经常出现煤气泄漏现象，这就造成诸多不安全因素，一旦失控，将发生煤气中毒、着火、爆炸事故。

诸多煤气事故的分析结果表明，事故的发生涉及工程项目的论证、设计、安装、使用等整个过程、各个环节和多个管理部门，设计人员不重视设计安全化，因循守旧，使设备设施"先天不足"；施工人员不注意施工安全，埋下事故祸根；操作人员不重视操作安全，直接引发事故。

煤气系统的运作安全是一项系统工程，要求设计、施工、生产、运行各阶段、各环节，同时要求煤气发生净化处理、加压混合、储存输送直到用户各工序，还要求计控、防护、检修、化验等各辅助环节全过程、全方位予以注意，按规程办事，协同工作，只有这样煤气安全才有保障。

1.3　煤气事故发生机理

1.3.1　冶金煤气事故的表现形式

冶金煤气作为一氧化碳等多种气体成分组成的可燃性混合气体，具有易燃、易爆、易中毒的特性。煤气事故一般由多种不同因素导致，如设备故障、维护不当、设计不合理、施工质量差、人为失误（包括人员水平、经验、素质等）、地震等外界不可抗拒的因素以及环境变化、气候条件或故意破坏等等，但煤气事故所表现的形式一般为三种：中毒、着火和爆炸。

1.3.2　煤气中毒

1.3.2.1　煤气中毒的概念和分类

煤气中毒是人体吸入一氧化碳后，造成的人体组织急性缺氧。煤气中毒按照中毒快慢分急性中毒和慢性中毒；按照症状严重程度，通常分轻、中、重三级。

（1）轻度中毒。此时出现头晕、眼花、剧烈头痛、恶心、呕吐、心悸、四肢无力等症状，血液中的碳氧血红蛋白在10%～20%。

（2）中度中毒。轻度中毒逐渐加重，病人呈嗜睡状态，并逐渐进入昏迷或出现虚脱状态，病人出现面色潮红、呼吸、脉搏加快，可伴有抽搐、狂躁不安、大小便失禁，如抢救及时可能较快苏醒，一般不留后遗症，血液中的碳氧血红蛋白在30%～40%。

（3）重度中毒。昏迷程度加深，出现呼吸困难及潮式呼吸，四肢冰凉，血压下降，脉搏细弱，皮肤黏膜呈樱桃红色，常因呼吸循环衰竭而危及生命，并常伴有高热、脑水肿，此时血液中的碳氧血红蛋白在50%以上。严重病例治疗后尚有可能产生中枢神经系统损害、精神失常、智力障碍、瘫痪失语等后遗症。

1.3.2.2　煤气中毒机理

一氧化碳（CO）具有多种引起缺氧的作用，是一种较强的窒息性毒物。正常时人体中氧合血红蛋白（HbO_2）和其他正铁血红素的分解产生的一氧化碳反应生成碳氧血红蛋白（HbCO），其浓度为 0.5%。只要碳氧血红蛋白不严重地干扰血液中氧的运输，即碳氧血红蛋白的浓度低于 20%，是相对无害的。一氧化碳可以与具有输氧能力的血红蛋白（Hb）结合成碳氧血红蛋白，一氧化碳与血红蛋白之间的亲和力要比氧与血红蛋白的亲和力大且结合的速度比氧与血红蛋白结合的速度快 300 倍。当吸入一氧化碳后，血浆中一氧化碳便迅速把氧合血红蛋白中的氧排挤出来，形成碳氧血红蛋白。一氧化碳也和具有储氧能力的肌红蛋白（Mb）结合，其化学亲和力比和氧的大。一旦结合后就形成碳氧肌红蛋白（MbCO），一氧化碳的解离是较缓慢的，排出方式主要是通过肺。在常压下，碳氧血红蛋白解离速度仅为氧合血红蛋白的 1/3600，空气中一氧化碳由血液释放的半量排除期平均为 320min；如吸入 101325Pa 的纯氧可缩短排除期至 80.3min，吸入 303975Pa 的纯氧可缩短到 23.3min。这是高压氧治疗一氧化碳中毒的理论基础。

1.3.3　煤气着火

1.3.3.1　燃烧的概念

燃烧是能够发光发热的剧烈化学反应，如可燃物质在空气中燃烧、炽热的铁丝在氯气中燃烧等等。

燃烧的条件有可燃物质、助燃物质、火源。

上述三个条件在燃烧过程中缺一不可，统称燃烧三要素。三者共同作用才能发生燃烧。

1.3.3.2　煤气的燃烧

煤气燃烧与其他可燃物质一样，是煤气与助燃物质空气（或氧气）发生的发光发热的氧化反应，其特征就是发光、发热、生成新物质。

煤气中的可燃成分有氢气（H_2）、一氧化碳（CO）、甲烷（CH_4）、硫化氢（H_2S）、苯（C_6H_6）和不饱和碳氢化合物（C_mH_n）等，下面是各种单一成分燃烧的化学反应式。

氢气燃烧反应式：　　　　　$2H_2 + O_2 = H_2O$

一氧化碳燃烧反应式：　　　$2CO + O_2 = CO_2$

甲烷燃烧反应式：　　　　　$CH_4 + 2O_2 = CO_2 + 2H_2O$

硫化氢燃烧反应式：　　　　$2H_2S + 3O_2 = 2SO_2 + 2H_2O$

苯的燃烧反应式：　　　　　$2C_6H_6 + 15O_2 = 12CO_2 + 6H_2O$

碳氢化合物燃烧反应式：$C_mH_n + (m + n/4)O_2 = mCO_2 + n/2H_2O$

煤气的燃烧过程一般包括：

（1）煤气与空气的混合；

（2）混合后的可燃气体的加热和着火；

（3）完全燃烧的化学反应。

煤气燃烧，温度越高，煤气与空气的混合越充分，燃烧速度也越快，在工业炉窑的燃烧条件下，影响燃烧反应本身的因素就是气体的混合和升温，因此，对空气和煤气预热，可提高燃烧速度和促进煤气完全燃烧。

1.3.3.3 煤气的燃烧温度

煤气的燃烧温度是指煤气燃烧时燃烧产物所能达到的温度。其决定因素有煤气的种类、成分、燃烧条件和传热条件等。

另外，煤气的燃烧温度又与空气和燃料预热后燃烧的初始温度有关，预热温度越高，煤气燃烧产生的温度所能提供的热值越高，这也就是工业上为增加煤气热值，采取对煤气和空气预热的原理。

1.3.3.4 煤气着火机理特征

煤气的着火一般是热着火（或强迫性着火），是利用外部能源加热（例如电火花/电阻丝，热的器壁和压缩等），使煤气和空气混合物达到一定温度，在该温度下煤气和空气混合物的化学反应放出的热量大于它向环境的散热，从而使煤气和空气混合物的温度进一步升高，温度的升高又进一步导致化学反应速率和放热速率的加快，这样无限地循环，最终导致全面的燃烧反应持续发生，即煤气着火。

煤气燃烧时，煤气中的可燃成分一氧化碳（CO）、氢气（H_2）和碳氢化合物（C_mH_n）与氧气反应生成无毒的二氧化碳（CO_2）和水（H_2O），因此，稳定的煤气燃烧是比较安全的。

失控的煤气着火会烧坏设备、设施，或者引燃其他物质造成火灾，应通过控制煤气源，使火势趋于平稳。

如果煤气压力过低，大口径的煤气管道着火，会导致回火爆炸乃至于管道内连环爆炸。

煤气在供氧不足的空间内燃烧，会形成不稳定燃烧导致爆震，使设备损坏或火焰扑出烧伤人员。

扑灭煤气着火应在有把握关闭气源的前提下进行，以免造成煤气中毒。

1.3.4 煤气爆炸

1.3.4.1 爆炸的概念和分类

爆炸，是物质从一种状态，经过物理和化学的变化，突然变成另一种状态，并放出巨大的能量。急剧速度释放的能量，将使周围的物体遭受猛烈的冲击和破坏。

爆炸按能量来源分类有：

（1）物理爆炸。它是由物理变化（温度、体积和压力等因素）引起的，在爆炸的前后，爆炸物质的性质及化学成分均不改变。

（2）化学爆炸。它是由化学变化造成的。化学爆炸的物质不论是可燃物质与空气的混合物，还是爆炸性物质（如炸药），都是一种相对不稳定的系统，在外界一定强度的能量作用下，能产生剧烈的放热反应，产生高温高压和冲击波，从而引起强烈的破坏作用。

（3）核爆炸。它是由物质的原子核在发生"裂变"或"聚变"的连锁反应瞬间放出巨大能量而产生的爆炸，如原子弹、氢弹的爆炸就属于核爆炸。

爆炸按反应相态的不同分类有：

（1）气相爆炸。它包括可燃性气体和助燃性气体混合物的爆炸、气体的分解爆炸、液体被喷成雾状物在剧烈燃烧时引起的爆炸等。

（2）液相爆炸。它包括聚合爆炸、蒸气爆炸、不同液体混合引起的爆炸等。

（3）固相爆炸。它包括爆炸性化合物和混合危险物质的爆炸。

1.3.4.2　煤气爆炸的概念和条件

煤气爆炸属气相爆炸，是煤气燃烧的一种特殊形式，是瞬间（几千分之一秒内）发生的燃烧过程。煤气爆炸通常需要三个必备条件：

（1）在一个有限的空间或容器内。

（2）有助燃剂（空气或氧气）和煤气混合，浓度达到爆炸极限范围内；此时，混合气体中所含煤气最大混合比叫做爆炸上限，最小混合比称为爆炸下限。多种可燃气体与空气或氧气混合，其爆炸极限可用下式计算：

$$L_0 = \frac{100}{\dfrac{C_1}{L_1} + \dfrac{C_2}{L_2} + \cdots + \dfrac{C_i}{L_i}}$$

式中　L_0——可燃性混合气体的爆炸上（下）限,%；

　　　L_i——各气体组分的爆炸上（下）限,%；

　　　C_i——各气体组分的体积百分比（体积分数）,%。

另外，含有惰性气体的可燃气体爆炸极限可按下式计算：

$$L_d = L_c \times \frac{100 + \dfrac{100Y}{100 - Y}}{100 + L_c \times \dfrac{Y}{100 - Y}}$$

式中　L_d——含有惰性气体的可燃气体的爆炸极限（体积分数）,%；

　　　L_c——该燃气的可燃基（扣除了惰性气体含量后，重新调整计算出的各燃气容积成分）的爆炸极限值,%；

　　　Y——含有惰性气体的燃气中，惰性气体的容积成分,%。

（3）要有明火、电火花或达到煤气燃点以上的高温。

注：大多数有机气体与空气的混合物，其爆炸延滞时间（感应期或诱导期）约 0.04 ~ 0.2 s，一些快速爆炸气体如氢气、乙炔、乙烯等的爆炸延滞时间较短，一般小于 0.02 s；通常煤气爆炸的冲击力会以 7000 ~ 10000m/s 的速度传播。

另外，煤气与纯氧的混合物爆炸威力，比煤气、空气混合物爆炸时的威力大得多，因为，煤气在纯氧中的理论燃烧温度高于煤气在空气中的理论燃烧温度。

1.3.4.3　煤气爆炸机理和特征

燃料燃烧时产生热量，当燃烧的发热速度与其周围和外界气体的散热速度，控制在一定条件下相平衡时，温度保持一定，便在一定状态下继续稳定燃烧，此称为正常燃烧或稳定燃烧。如果放热速度很高，燃烧温度急剧上升，燃烧气体急速膨胀，对周围产生很大压力，并伴随爆鸣声，这种燃烧称为不正常燃烧或非稳定燃烧，也可称为爆燃，也就是通常所说的爆炸。

当爆燃变得足够强烈时，爆燃转爆轰便突然发生。爆轰伴随着冲击波和很高的压力，冲击波与火焰连成一片形成爆轰波，产生更大的爆炸。

2 冶金煤气安全生产技术

2.1 焦炉煤气安全生产技术

2.1.1 焦炉煤气产生原理

装入碳化室的炼焦煤在隔绝空气的条件下通过煤气加热，发生复杂的物理、化学反应，大量成分分解、挥发和裂解，同时放出大量的热量和气体。这部分气体就是荒煤气。

荒煤气通过初冷、洗涤等过程，形成净煤气。洗涤后的物质，为后续回收精制化产品提供原料。

2.1.2 焦炉煤气回收净化和精制工艺流程简述

图2-1示出了钢铁工业常用的焦炉煤气回收和精制的工艺流程。从焦炉出来的荒煤气进入集气管之前，已被大量的氨水喷洒冷却。在此过程中，煤气中的焦油雾和水蒸气大部分冷凝成液体，同时，煤气中夹带的煤尘、焦粉也被捕集下来，煤气中水溶性的成分也溶入氨水中。焦油、氨水以及粉尘和焦油渣一起流入机械化焦油氨水分离池。分离后氨水循环使用，焦油送去集中加工，焦油渣可回配到煤料中炼焦。煤气进入初冷器被直接冷却或间接冷却至常温，此时，残留在煤气中的水分和焦油被进一步除去。出冷却器后的煤气经电捕焦油器除去悬浮在煤气中的焦油雾，然后进入鼓风机被升压至19600Pa左右。为了不影响以后的煤气精制的操作，例如脱硫液老化等，使煤气通过电捕焦油器除去残余的焦油雾。为了防止萘在温度低时从煤气中结晶析出，煤气进入脱硫塔前设洗萘塔用洗油吸收

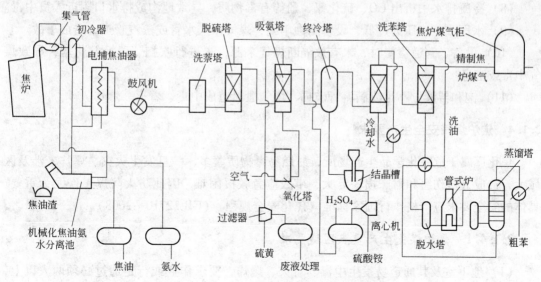

图2-1 焦炉煤气回收净化和精制工艺流程

萘。在脱硫塔内用脱硫剂吸收煤气中的硫化氢，与此同时，煤气中的氰化氢也被吸收了。煤气中的氨则在吸氨塔内被水或硫酸水溶液吸收产生液氨或硫酸铵。煤气经过吸氨塔时，由于硫酸吸收氨的反应是放热反应，煤气的温度升高，为不影响粗苯回收的操作，煤气经终冷塔降温后进入洗苯塔内，用洗油吸收煤气中的苯、甲苯、二甲苯以及环戊二烯等低沸点的碳氢化合物和苯乙烯、古马隆、萘等高沸点的物质，同时有机硫化物也被除去。被苯饱和的洗油经脱水、管式加热炉加热，最后由蒸馏分离出粗苯。

2.1.3　焦炉煤气净化系统存在的主要危险因素

焦化生产的原材料主要有煤、高炉煤气、浓酸、浓碱等；产品主要有焦炉煤气、氨水、轻苯、硝化苯、甲苯、二甲苯、煤焦油、工业萘、粗酚、蒽油、煤焦沥青、硫黄、硫酸铵等，大多是易燃、易爆、有毒、有害气体或液体。

焦炉煤气净化是将炼焦产生的煤气经过初冷、鼓风、洗氨、终冷洗萘、洗苯等净化处理后，外送供用户使用。在此过程中，设备腐蚀、老化以及操作不当、结构和材料的缺失等，都会导致故障，造成泄漏现象，极易发生着火、爆炸、中毒的危险，主要表现为：

(1) 电捕焦油器氧含量检测不当，氧含量过高易发生爆炸事故。

(2) 鼓风机室等因煤气泄漏发生中毒、爆炸。

(3) 煤气脱硫系统密封不良，造成 H_2S、HCN 等中毒。

(4) 焦炉煤气爆炸极限 4.5% ~ 35.8%，外泄遇激发能源（动火、静电、摩擦、撞击、明火等）易发生爆炸。

(5) 硫酸铵系统作业过程中发生酸灼伤。

(6) 鼓风机由于振动、冷却不良等原因造成停车甚至烧轴瓦、爆炸等事故。

(7) 煤气排水系统水位过低，发生煤气击穿水封，造成煤气外泄中毒事故。

(8) 冷凝排水中析出 CO、硫化氰、酚等有毒物质，导致地沟或排水口附近人员中毒。

(9) 水压或蒸汽压力过低，设备腐蚀串漏，煤气窜入水管或蒸汽管道，造成事故。

(10) 设备、管道检修时，未有效隔断煤气来源，未进行吹扫、置换并化验，导致煤气中毒或窒息。

(11) 饱和器液位不足或满流管破损，煤气泄漏造成中毒、着火、爆炸。

2.1.4　焦炉煤气安全生产要求

焦化厂属于危险化学品生产场所，易燃易爆物质繁多，一旦发生火灾、爆炸，涉及区域大，造成人员伤害和财产损失巨大，事故应急救援困难，因此防火防爆工作尤为重要。具体的安全要求应严格执行国家标准《焦化安全规程》（GB 12710—2008）。

2.1.4.1　焦炉煤气生产重点区域要求

(1) 地下室及其通道易发生中毒、着火、爆炸，要求作业或行走通过必须两人以上，并配备一氧化碳警报器或采取其他安全措施（如用动物做试验），不准私自带火源进入，作业应用专用工具。

（2）焦炉地下室交换设施，容易泄漏煤气，一般通风条件较差，检查和维护设备时不准私带火种，严禁在地下室使用明火或其他火源。

（3）为保证粗煤气顺利导出，配有上升管工和集气管工，其目的是调节集气管压力以及清扫系统沉积物。集气管应保持正压，范围在 80～100Pa，要求根据回收吸力条件正确设定调节参数。调压时应观察焦炉冒烟、冒火情况，自动调节失效时应采用手动调节或采取固定措施，并注意集气管温度和大焦油盒水位，不能让焦炉长时间负压或压力太大而冒烟冒火。对上升管石墨和桥管沉积物应定期清理，清理上升管时应使用风管压火，切断翻板，站上风，握牢铁钎；清扫桥管时应切断翻板，禁止使用高压氨水或蒸汽，同一碳化室机焦两侧上升管（双集气管）严禁同时清扫。集气管内焦油等极易沉积，应经常用专用工具刮推，以便随氨水流走。清扫集气管时，应站上风打开清扫孔，并立即将带有密封活动球的长钎伸入集气管刮推，禁止正面操作。由于桥管、集气管沉积物（焦油、石墨等混合物）最后汇集到大焦油盒，必须及时将其捞出，否则氨水满流影响环境，甚至堵塞管道。应经常检查大焦油盒中过滤渣子的箅子是否卡牢，以防脱落造成氨水回流系统阻塞，而发生氨水满流。此外，上升管工、集气管工不能在压力调节小房休息，禁止带火源进压力调节房，还必须熟悉煤车操作等。

2.1.4.2 焦炉煤气回收净化主要设备及其安全操作

（1）焦炉煤气放散装置。自动放散净煤气的安全装置，必须配有点火器，放散时应点燃。该装置应设在焦炉煤气柜与焦炉煤气净化系统之间。当净煤气发生量大于用户需要量，或用户耗气量突然大幅度减少时，净化系统的设备和管道以及焦炉集气管的压力将立即升高，此时放散装置即自动放散净煤气并点火放散，使煤气压力恢复正常，起到安全保护作用。煤气运行压力根据实际情况确定，煤气放散压力根据焦炉煤气鼓风机吸力调节的敏感程度确定。煤气放散量与厂内外煤气用户的用气情况、焦炉规模和炉组数有关。与煤气接触的水封槽和放散管内壁在冬季可能结萘，水中有煤焦油沉积，应定期排污和用蒸汽吹扫。

（2）鼓风机。鼓风机一般都设置在煤气初冷器后面。负压流程的工艺将鼓风机设置在几乎全部回收装置的后面，但对设备和管道的严密性及煤气吸气机的调节要求均较高。

（3）电捕焦油器。粗焦炉煤气所含焦油，在初冷器中绝大部分凝结成较大液滴从煤气中分离出来，但在冷凝过程中，却以内充煤气的焦油气泡状态或极细小的焦油滴（直径为 1～17μm）存在于煤气中。

去除焦油雾的方法和设备类型很多。在离心式鼓风机中，由于离心力的作用，煤气中的焦油雾可以除去一部分。焦炉煤气净化工艺要求煤气中所含焦油量最好低于 $0.02g/m^3$，从焦油雾滴的大小及所要求的净化程度来看，采用电捕焦油器最为经济可靠，所以得到了广泛的应用。

电捕焦油器的安装位置，可以在鼓风机前，也可以在鼓风机后，鼓风机后煤气中焦油含量较机前为小，焦油雾滴在运动过程中逐渐聚集变大，有利于净化。电捕焦油器安装在机前，有利于鼓风机的稳定性。

电捕焦油器顶部的绝缘装置及高压电引入装置，是结构很复杂的部件。柱状绝缘子（电瓷瓶）会受到渗漏入绝缘箱内的煤气中所含焦油、萘及水汽的沉积污染，从而降低绝缘性能，以至于在高电压下发生表面放电而被击穿，还会受机械振动和由于绝缘箱温度的急剧变化而破裂，这常常是造成电捕焦油器停工的原因。

为了保证电捕焦油器的正常工作，除对设备本身及其操作有所要求外，主要还是维护好绝缘装置，即操作时保持绝缘箱的温度，防止煤气中的焦油、萘、水汽等在绝缘子上冷凝沉积。此外，绝缘箱内应保证用做密封的氮气的通入量，定期擦拭清扫绝缘子。

由于电捕焦油器在高压下会产生电火花，因而电捕焦油器应设置连续含氧分析仪和自动联锁装置，确保工作状态时煤气含氧量低于2%。

（4）饱和器。我国部分大型焦化厂均用饱和器法生产硫酸铵，以回收煤气中的氨。经煤气预热的加热煤气进入饱和器的中央导管，中央导管的下部周边装有导向叶片（通常称之为泡沸伞），煤气通过导向叶片与饱和器内的酸性母液均匀接触，煤气中氨及一些碱性物质被吸收，主要生成硫铵晶体。

（5）煤气净化系统。煤气冷却、净化系统的设备结构应符合下列规定：

1）煤气冷却及净化系统中的各种塔器，应设有吹扫和置换用的蒸汽管或氮气管；

2）各种塔器的入口和出口管道上应设有压力计和温度计；

3）塔器的排油管应装阀门，油管浸入溢油槽中，其油封有效高度为计算压力加500mm。

2.2　高炉煤气生产安全技术

2.2.1　高炉煤气产生原理

在高炉冶炼过程中，带有一定水分的炽热空气进入高炉，使焦炭不完全燃烧而产生大量一氧化碳，同时，由于水分和喷吹燃料的存在产生一定量的氢气，空气中带入的氮气不参加化学反应，与一氧化碳、氢气一起形成上升气流，上升气流中一氧化碳及氢气逐渐参与还原反应后不断减少，而二氧化碳及水蒸气逐渐增多，达到炉顶的气体就是高炉煤气。

2.2.2　高炉煤气的净化

关于高炉煤气的净化，目前成熟的工艺有湿法煤气净化工艺和干法煤气净化工艺。

（1）湿法煤气净化工艺流程。湿法煤气净化工艺（见图2-2）是将炉顶引出的煤气进行除尘、降温，先经重力除尘器，再经文氏管和洗涤塔除尘器进一步除尘并降温，也有不用洗涤塔而经串联文氏管装置的，最后经脱水器和减压阀组，脱水、降压后送入总管，并分配至各用户。

（2）干法除尘净化系统。除湿法除尘外，还有采用干法除尘的，如采用布袋过滤或干法静电除尘。采用干法除尘有利于高炉煤气余压、热能利用，约可多发30%电量。

高炉煤气干法布袋除尘设施由布袋除尘系统、集灰输灰系统、冷却系统和管路阀门系统、控制系统组成。其工艺流程见图2-3。

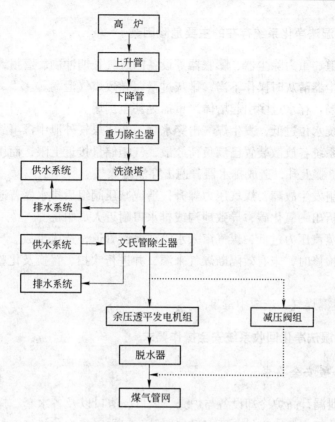

图 2-2 湿法煤气净化工艺流程

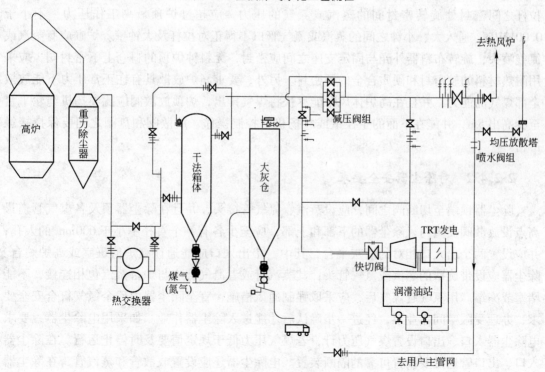

图 2-3 干法布袋除尘系统工艺流程

2.2.3　高炉煤气湿法净化系统存在的主要危险因素

（1）煤气管道、重力除尘器、膨胀器等设备因煤气长期冲刷、磨损，发生泄漏。

（2）重力除尘器清灰时操作不当，排灰过量，导致煤气泄漏。

（3）排水不畅，存水过多引起塔体严重摇晃甚至倒塌。

（4）排水系统水位过低，发生煤气击穿水封，造成煤气外泄中毒事故。

（5）在净化系统各放散装置已满负荷放散，气柜储量接近上限，而用户不能增量的情况下，煤气压力急骤上升，造成排水器普遍击穿泄漏煤气。

（6）减压阀组发生故障，煤气压力骤升，造成减压阀组后排水器普遍击穿泄漏煤气。

（7）排水中析出一氧化碳，导致地沟或排水口附近人员中毒。

（8）水压或蒸汽压力过低，煤气窜入水管或蒸汽管道，造成事故。

（9）除尘器检修时，未有效隔断煤气来源，并进行吹扫、置换及化验，导致煤气中毒或窒息。

（10）炉体泄漏煤气，造成中毒事故。

2.2.4　高炉煤气湿法净化回收系统安全操作要求

2.2.4.1　一般安全要求

为防止煤气泄漏，高炉冷却设备与炉壳、风口、渣口以及各水套、探尺的箱体、检修孔盖的法兰和链轮都应保持密封，硬探尺与探尺孔间应用蒸汽或氮气密封，通入大、小钟拉杆之间密封处旋转密封间的蒸汽或氮气的压力，应超过炉顶最高工作压力，不小于0.001MPa。通入大、小钟之间的蒸汽或氮气管口不得正对拉杆及大钟壁。炉喉应有蒸汽或氮气喷头，旋转布料器外壳与固定支座之间应密封，无料钟炉顶的料仓上下密封阀，应采用耐热材料的软密封和硬质合金的硬密封。另外，要求高炉放散具有在正常压力下能放散全部煤气的能力，并且在高炉休风时能尽快将煤气排出，炉顶放散阀应比卷扬机绳轮平台至少高出5m，并能在下面的主控室或卷扬机室控制操作，放散阀和盘阀之间要保持接触严密。

2.2.4.2　对除尘器安全要求

除尘器顶端至切断阀之间，应设蒸汽、氮气管接头，并且在除尘器顶及各煤气管道最高点设放散阀及阀门。除尘器的下部和上部，应至少各有一个直径不小于600mm的人孔；并应设置两个出入口相对的清灰平台，其中一个出入口应能通往高炉值班室或高炉炉台。除尘器应设带旋塞的蒸汽或氮气管头；其蒸汽管或者氮气管应与炉台蒸汽包相连接，不能堵塞或冻结。用氮气赶煤气后，应采取强制通风措施，直至除尘器内残余氮气符合安全要求，办理受限空间作业票，经进一步确认后才能进入除尘器作业。如采用电除尘器，要求电除尘器入口、出口设置煤气压力计，若煤气压力低于规定值要及时停止运行。在除尘器入口、出口管道处要设置可靠的隔断装置。电除尘器还应设置放散管和蒸汽管，在除尘器的沉淀板间，要有带阀门的连通管以免煤气在死角处聚集。此外，电除尘器还应设置在高炉煤气含氧量超过1%时能自动切断电源的装置。采用布袋除尘器时要在布袋除尘器的每个出入口设置可靠的隔断装置，每个箱体应采用泄压装置并设置放散管，此外应设有煤气高低温度和低压警报装置。

2.2.4.3 对洗涤塔、文氏管、洗涤器和灰泥捕集器的安全要求

常压高炉的洗涤塔、文氏管、洗涤器、灰泥捕集器和脱水器的污水排出管，其水封有效高度要保证3m以上，并且压力应为高炉炉顶最高压力的1.5倍。高压高炉的洗涤塔、文氏管、洗涤器、灰泥捕集器下面的浮标箱和脱水器应使用符合高压煤气要求的排水控制装置，并要有可靠的水位指示器和水位警报器，水位指示器和水位警报器均应在管理室反映出来。各种洗涤装置要装蒸汽或氮气接头，在洗涤器顶部还应装有能在地面操作的安全泄压放散装置，洗涤塔每层喷水嘴处应设对开人孔，每层喷嘴应设栏杆和平台。对可调文氏管、减压阀组必须采用可靠而严密的轴封，并设较宽的检修平台。另外，在每座高炉煤气净化设施与净煤气总管之间，还应设可靠的隔断装置。

2.2.5 高炉煤气干式净化除尘系统工作原理

高炉产生的荒煤气经炉顶进入重力除尘器，在重力除尘器内将较大灰尘颗粒进行沉降，再通过荒煤气主管进入布袋除尘器，煤气由箱体通过各滤袋内部进入，经过过滤后的净高炉煤气，从各布袋除尘器顶部出来进入净煤气主管。

2.2.5.1 工艺流程

高炉煤气干式布袋除尘系统主要包括三部分：煤气系统、反吹系统、排灰输送系统。

（1）煤气系统。高炉产生的0.1~0.25MPa、100~250℃荒煤气首先进入重力除尘器，在重力除尘器内将较大颗粒进行沉降，半净煤气出重力除尘器后经管道进入布袋除尘机组，半净煤气在温度处于80~300℃范围内时，进入布袋除尘器，由于滤袋的过滤作用，煤气透过滤袋进入净煤气主管，灰尘留在滤袋外，经过除尘后的高炉煤气进入净煤气总管，经TRT发电或调压阀组减压至10~15kPa后进入净煤气管网。

（2）反吹系统。半净煤气进入布袋除尘器后，在滤袋的作用下灰尘被挡在滤料外侧，灰尘越积越多，为保证布袋除尘器的正常运行需要进行反吹。反吹气体为氮气（或加压后的净煤气），反吹方式为离线定压差或定时反吹。

（3）输灰系统。反吹下来的灰尘落入除尘器灰斗，再经卸灰球阀输入中间灰斗，中间灰斗设有高低料位，当达到高料位时，开启输灰系统并加湿后由汽车外运。

2.2.5.2 影响干法除尘正常运行的主要因素

干法除尘正常运行与否，受高炉运行稳定的直接影响，稳定高炉顺行是关键，但是，由于高炉受外界影响因素较多，休、慢风及低料线等原因造成的炉顶温度失常也时有发生，从而影响干法除尘系统的正常运行。

（1）由于设备故障无法上料时，造成顶温偏高。当上料设备发生故障无法正常上料时，炉顶温度上升。当温度超过230℃时，对高炉必须采取炉顶打水的措施，控制炉顶温

度继续升高。如果处理时间较长，则通过减风及炉顶打水控制顶温升高。减风是最直接有效的降顶温措施，通过减风可以将顶温控制在250℃以内。但是，由于煤气管道线路长度及管道温度变化的影响，干法除尘进箱温度降低有一个过程。因此，在温度升高、高炉采取降温措施后，高炉顶温已降低，而干法除尘进箱温度却没有马上降低，这时应以高炉顶温为主。

（2）赶料线过程，顶温偏低。高炉因各种原因发生亏料线，在赶料线的过程中，可能出现顶温低的现象。当顶温低于90℃时，高炉应适当控制上料速度。如果亏料线较深，则要适当减风赶料线，保证炉顶温度不低于90℃。由于受高炉特殊性影响，煤气温度低，对高炉而言无法采取更为有效的提温措施，往往会持续时间较长，即使通过控制料速等手段温度有所回升，也会上升很缓慢。

（3）高炉复风时引煤气。高炉长期休风复风后尽快引煤气，有利于高炉炉况的快速恢复。高炉具备引煤气条件后，时常因干法除尘进箱温度低而无法进行，影响了高炉炉况的快速恢复，增加了损失。因此可以对工艺稍作改造，在进箱体前煤气管道末端与高炉煤气管网压力均压放散联通，在煤气合格但温度较低时，可先不进箱体而进入放散塔点燃后放散，引煤气后可很好地预热管道，待温度达到要求，已经具备引煤气条件，煤气可直接切换进入箱体。

2.2.5.3　布袋除尘器操作控制要求

控制系统包括温度检测与控制、反吹控制和卸输灰控制。

（1）加强高炉操作。由于种种原因造成炉况波动，一旦发现或处理不及时、不到位，就会引起炉况失常，也会带来顶温难以控制的结果。因此，加强高炉操作、炉况稳定顺行是稳定炉顶温度的有力保证。

当高炉因设备故障无法上料引起低料线时，造成炉顶温度升高，高炉操作人员要及时开炉顶打水控制顶温，根据处理故障时间的长短，采取减风量、休风的措施，减风要果断到位，减风的标准要以风口不灌渣和保持炉顶温度不超过上限为准则。赶料线期间，保持适当的风量，同时控制适当的料速，保证炉顶温度不低于下限也不高于上限。

当高炉因原燃料质量波动出现崩料时，立即减风到能够阻止崩料的程度，使风压、风量达到平稳，在炉况转顺后才能逐步恢复风量。高炉出现悬料后，要立即组织炉前出铁，铁后坐料。坐料后赶料线，要控制炉顶温度，防止低于下限。

打水控制顶温时要及时与干法除尘煤气管理部门联系，双方同时密切关注煤气温度。炉内注意控制打水量，防止突然崩料使温度骤然变化造成煤气体积急剧膨胀，从而导致除尘器箱体压力急剧变化。

（2）顶温高或低时必须切煤气。当顶温过高或过低，在规定时间内无法达到干法除尘要求的煤气温度时，为了保护除尘器的安全必须切煤气。切煤气时应按照程序进行操作，以免发生意外事故。如果在高炉侧未打开炉顶放散的情况下，煤气处理侧采取了强制切煤气措施，则会造成炉顶压力、热风压力急剧上升，而引发不堪设想的后果。此时，可通过进箱体前的煤气管线与放散塔的连通管转至放散塔点火放散。

（3）卸灰管理。为了减少干法除尘卸灰量，减少除尘布袋磨损，高炉车间要加强重力除尘放灰管理,根据灰铁比,每天确保安全及时地放净重力除尘灰,给干法除尘工作创造有利条件。

2.2.6 高炉煤气净化系统安全操作注意要点

由于高炉煤气含有20%以上的一氧化碳,而一氧化碳极易造成操作人员中毒,因此防止高炉煤气中毒事故的发生是安全操作的首要问题;高炉煤气也具有爆炸性,尤其在含氢气量偏高的情况下比较容易发生爆炸事故,因此操作中也要注意防止爆炸事故的发生。

(1)在洗涤塔、文氏管系统宜采用氮气置换空气或煤气的方法;禁止采用传统的直接以空气置换煤气(自然通风)的方法。

(2)采用湿法除尘工艺时,要经常检查排水是否畅通,存水过多会发生故障,甚至发生事故;如洗涤塔水位过高,往往引起塔体严重摇晃。

(3)湿法除尘工艺的塔、器水位要防止过低,以免发生煤气击穿水封,造成煤气外泄中毒事故。

(4)湿法除尘系统排水中能析出一氧化碳,因此要防止排水口或地沟附近的人员中毒事故的发生。

(5)在检修湿法除尘系统的给水管、水过滤器等装置时,一定要可靠地隔断煤气,以防止煤气倒窜入水系统而发生人员中毒事故。

(6)在高炉休风、净化系统处理残余煤气时,必须与高炉方面密切联系,残余煤气尚未处理完毕,决不允许打开除尘器上的切断阀,以免具有爆炸性的混合气体被吸入炉顶而产生燃爆,造成严重后果。

(7)在净化系统各放散装置已满负荷放散,气柜储量接近上限,而用户又不能增量的情况下,煤气压力急骤上升时,调度指挥中心应果断命令高炉减风或休风,以防止水封普遍击穿的严重后果发生,必要时(指非常情况下)调度指挥中心可以直接指示高炉鼓风机站减少风量输出。

(8)净化系统设备充氮期间,必须加强管理,防止盲目进入造成人员窒息死亡。

(9)鉴于在净化系统操作或驻留极易发生一氧化碳中毒事故,操作或驻留人员均应佩带便携式一氧化碳警报仪并携带空气呼吸器。一旦一氧化碳含量异常,应立即佩戴空气呼吸器查明原因,及时采取措施进行处理。这也是各类煤气区域都应遵守的安全操作规程。

2.3 转炉煤气安全生产技术

2.3.1 转炉煤气产生原理

在氧气顶吹转炉炼钢过程中,含氧量高达99.2%以上的氧气流吹入炉内,在使硅、磷、锰、铁等元素氧化的同时,碳元素也被氧化,即进行脱碳过程,一般含碳量由4.3%降到0.2%。整个吹炼周期只有10%~20%的碳燃烧变成二氧化碳,其余的碳则氧化成一氧化碳。如果在转炉炉口保持微正(差)压(0~20Pa),则每一吹炼期可获得含一氧化碳平均高达70%左右的炉气,这就是转炉煤气。

2.3.2　转炉煤气回收工艺流程

目前，大多数氧气顶吹转炉采用未燃法回收工艺和干法除尘工艺，主要回收炉气中的一氧化碳。每一次吹氧过程中仅截取一氧化碳及氧含量符合要求的一段时间的炉气送入气柜内，其余不合要求的炉气则经放散管等装置点火放空。为做到安全回收，必须连续自动测定一氧化碳及氧此两种成分含量。

2.3.2.1　未燃法回收工艺流程

未燃法回收工艺一般又称 OG 法，所谓 OG 法是氧气转炉煤气回收法（oxygen converter gas recovery）的简称。转炉烟气净化系统采用湿式未燃法"比肖夫"系统，其工艺流程为：转炉烟气借风机吸力进入汽化冷却烟道，回收部分烟气余热，从汽化冷却烟道出来的烟气从上部进入"比肖夫"除尘冷却装置，"比肖夫"装置上部是一个洗涤塔，气液同向而行，进行降温和粗除尘，然后，气体进入下部的可调文氏管进行精除尘，精除尘后的气体由下部返入筒体进行脱水，然后从中部引出"比肖夫"装置，经降温除尘的净煤气通过风机加压后通过三通切换阀，在烟气的一氧化碳及氧含量符合回收要求时，则进入煤气储柜储存，需使用时进行精除尘和加压供用户使用。在烟气不合格时则通过三通切换阀将烟气送至放散管点火放散。其流程如图 2-4 所示。

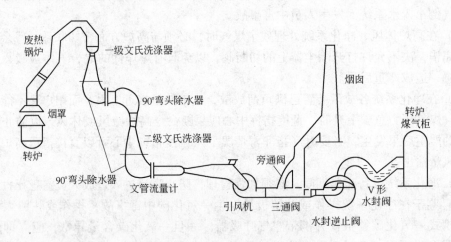

图 2-4　未燃法回收工艺流程

2.3.2.2　干法除尘工艺

干法除尘工艺又称 LT 法（Lurgi Thyssen）回收工艺。转炉烟气通过烟气冷却系统标准部件（活动烟罩及汽化冷却烟道）后，降温至 800~1000℃，进入蒸发冷却器；蒸发冷却器内采用雾化喷嘴，用高压蒸汽将水雾化后冷却烟气，这时约有 40%~50% 的粉尘在水雾的作用下凝聚沉降，形成的粗粉尘通过链式输送机到粗粉尘仓，冷却后的烟气通过荒煤气管道进入圆筒型电除尘器；电除尘器采用高压直流脉冲电源，捕集剩余的细粉尘，细粉尘将通过电除尘器下的链式输送机输送到细粉尘仓；经过电除尘器的烟气经过切换站进行切换，使合格烟气经过煤气冷却器降温到约 72℃ 后进入煤气柜，不合格烟气通过火炬装置放散。整套系统采用自动控制，与转炉的控制相联锁。

粉尘仓内的粉尘通过真空罐车外运后，输送至炉料厂。LT法回收工艺流程如图2-5所示。

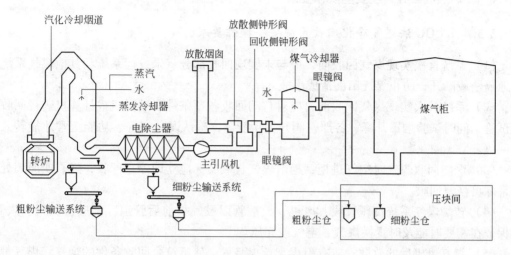

图2-5 LT法回收工艺流程

2.3.3 转炉煤气回收系统存在的主要危险因素

2.3.3.1 OG法回收系统存在的主要危险因素

（1）一次风机转速过低且氧枪联锁失效，一氧化碳在炉膛或烟道内聚积，遇激发能源爆炸。

（2）水封高度不够或煤气设施存在破损，致使煤气泄漏造成中毒。

（3）由于高位平台通风不良，在下枪时有人在平台上作业，且未携带一氧化碳报警仪，造成煤气中毒。

（4）转炉煤气放散未设点火装置，在气压较低时无法及时扩散，可能导致煤气中毒。

（5）水封逆止阀水封高度不够，检修过程中煤气倒流造成煤气中毒。

（6）因操作失误或含氧量监测仪器故障含氧量超限，导致煤气系统燃烧爆炸。

（7）煤气正压系统因安装不良、磨损、老化等原因导致煤气泄漏，造成中毒甚至火灾、爆炸事故。

（8）进行煤气场所作业时，未按规定置换、清扫、检测及佩戴劳动防护用品，作业过程中发生中毒，甚至着火、爆炸事故。

2.3.3.2 干法除尘系统存在的主要危险因素

（1）风机后管线泄漏，造成一氧化碳中毒、着火。风机前管线泄漏、泄爆未复位，造成空气吸入后煤气中氧含量增高，在电除尘中发生爆炸。

（2）设备检修不能可靠切断煤气，或进入设备未通风置换和检测造成中毒或氮气窒息。

（3）热烟气泄漏造成热水、蒸汽、粉尘等烫伤。

（4）电气设备未认真执行停电挂牌，或进入电除尘未可靠接地和验电造成电击、触电。

（5）电除尘泄爆产生二次粉尘。

2.3.4　转炉煤气回收系统安全操作要求

2.3.4.1　OG法煤气净化回收系统安全操作要求

（1）系统首次实现煤气回收前，应与未实现回收部分、未投运系统和其他煤气系统可靠地隔断或断开，防止煤气窜漏造成事故。

（2）系统首次实现煤气回收前，应对自动回收各项条件联系微机或计算机进行回收模拟试验，同时试验烟罩升降、各严密阀开关功能等，确认设备完好、功能正常才能转入正式回收。

（3）严防回收煤气时空气进柜，柜前煤气含氧超标应立即停止回收，经查明原因处理正常才可恢复回收。

（4）转炉煤气系统负压管段、风机、放散管以及气柜前后管道，都应设氮气引入管，以保证在需要时能及时置换煤气、空气或充压。

（5）煤气风机后的放散管应有引火、点火装置，使不符合回收条件的烟气、煤气都能点燃放散，防止空气中一氧化碳含量过高、污染环境。

（6）对于转炉煤气系统不允许在泄冒烟气（带压）状态下进行抽、堵盲板和拆换修理部件，以防中毒。

（7）凡有可能泄出转炉煤气的地方，都应设明显标志牌，不允许无关人员进入。

（8）到转炉煤气各种排水井、水沟、水池内作业，必须办理受限空间作业票，首先要测定作业点空气中一氧化碳含量，确认合格才能开始作业，作业时应有防护人员在场。如一氧化碳超标，应戴空气呼吸器。

（9）应采取防腐措施，并定期测定转炉煤气负压管段及风机后放散管壁厚度，管壁厚度达危险值应及时修复或更换，以防止负压管抽瘪、放散管倒塌而引起中毒、爆炸事故。

（10）采取分炉实现回收、分段改建风机后送出总管时，应注意管道支撑的稳定性，以防止管道因振动、摇晃而坍塌造成重大事故。

（11）进行例行的转炉回收煤气前的联锁阀开关试验时，风机应降到低速，机后压力应低于机后逆止水封的水封有效高度，以防止空气进柜而引起事故。

（12）一旦空气进柜，各转炉均应立即停止回收，查明原因并进行正确处理，才可恢复回收。气柜值班人员应根据柜前、柜后、柜顶煤气含氧情况，作出用户是否停用、柜内气体是否放空的决断，以防止回火爆炸甚至气柜爆炸事故。

2.3.4.2　LT法（干法）煤气净化回收系统安全操作要求

干法除尘的重点是避免卸爆，电场卸爆对除尘器内的设备将产生致命的损坏，严重的卸爆将导致除尘器设备瘫痪，造成设备无法使用，降低除尘器的除尘器效率。但是干法除尘系统无法控制卸爆，即气流中的成分。

（1）对于转炉工艺产生的泄爆，在吹炼的初期，特别是吹炼终止时，要严格控制转炉的吹氧量，吹氧量控制在23000m^3，持续40s左右；如果在事故状态下终止吹炼，重新进行吹炼时，在控制钢水温度的基础上，更要控制吹氧量，并且要持续低氧量吹炼的时间，直到干法除尘系统中含氧量又明显下降后，方可提高转炉的吹氧量，并恢复正常的吹氧量。

（2）对于转炉所添加的物料产生的卸爆，应严格控制潮湿、含碳量高、易燃物料的添加重量和添加的工艺时间，主要集中在转炉溅渣阶段和吹炼的初期阶段。

（3）设备状况的不佳，也会产生卸爆。电场内异极距产生变换造成电场的放电频率增加；水冷烟道的漏水，都会引起除尘器的卸爆。

但是，除尘器的卸爆是一个比较复杂的工艺活动，很难从根本上解决，但是通过对转炉工艺的完善以及设备的调整，能够最大限度地降低卸爆的频率和卸爆的强度。

2.4 发生炉煤气安全生产技术

2.4.1 发生炉煤气的产生原理

将煤或焦炭等含碳的物质作为原料装入炉内，从炉底部鼓入空气和水蒸气混合气化剂，气化剂经灰渣层预热后，进入氧化层。在氧化层，气化剂中的氧气与碳进行剧烈的反应，生成大量的二氧化碳，同时放出大量的热量，随着氧气的耗尽，高温气体进入还原层。在还原层，高温的二氧化碳和水蒸气与碳反应生成一氧化碳和氢气，高温气体继续上移进入干馏层。在干馏层产生大量的挥发物，如焦油、甲烷、不饱和烃等。气体继续上移，从出炉口离开的气体即为发生炉煤气。

2.4.2 发生炉煤气净化工艺流程

发生炉煤气大多不进行净化直接被送往加热炉燃烧，也有部分工艺进行除焦油净化，其工艺流程如图2-6所示。

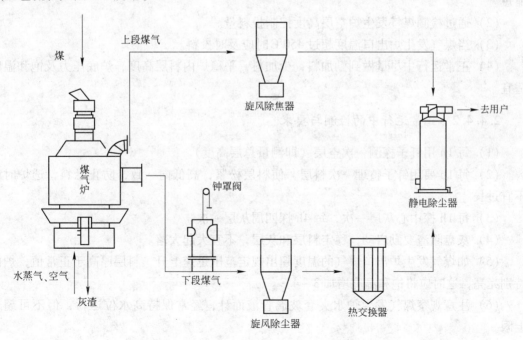

图2-6 两段式煤气发生炉工艺简图

2.4.3　煤气发生炉系统存在的主要危险因素

由于煤气发生炉煤气具有较强的易燃、易爆性，发生炉的生产必须做好防火、防爆工作。煤气发生炉系统存在的主要危险因素有：

（1）发生炉、输送管线、阀门及管线连接处、净化设备、钟罩阀等封闭不严，造成煤气泄漏。

（2）加煤不稳，布料不均，炉体灰盘漏水，反应层不均造成烧穿、冒火、火层上移结渣等，引发事故。

（3）汽包安全阀失效，水位计不准，压力表不准，水质不合格，平衡管堵塞等造成汽包事故。

（4）鼓风机逆止阀不严，停电，造成煤气倒流引发事故。

（5）停、送煤气时未按规程要求造成误操作，设备、管路形成负压，吸入空气发生爆炸。

（6）工艺过程不合理，安全附件不完善，在突然停电或其他意外情况下，造成设备、管线负压或泄漏煤气，发生事故。

（7）检修作业，安全措施落实不到位，盲目施工引发事故。

2.4.4　煤气发生炉安全生产要求

2.4.4.1　煤气发生炉投料量的控制

（1）根据窑炉对煤气需要量的大小，增减加料量。耗用煤气增大时，投料间隔时间要缩短。

（2）通过检测煤气发生炉空层高度控制投料量。

（3）当煤气发生炉出口温度超过450℃时应及时投料。

（4）正常运行中尽量做到勤加料，少加料，平稳炉内料层高度，炉底压力及饱和温度适宜。

2.4.4.2　正常运行中的检测与要求

（1）每1h用钎子探测一次空层（即测量总层高度）。

（2）每1h要用钎子整理一次料层，使料层松紧，高低向一致，防止悬料，透炉时间不宜过长。

（3）每1h探中心灰层一次，每4h探四周灰层一次。

（4）灰盘除渣要勤启动，稳定料层和灰层，不宜大起大落。

（5）如煤气发生炉出口煤气的温度超出规定范围迅速上升，料层厚高于正常值，炉内特别光亮，这时应将饱和温度增加3～4℃。

（6）注意观察煤气发生炉水夹套玻璃管液面计，经常保持高水位运行，但不可超过上限。

（7）在生产过程中，发现异常和事故，应立即向值班班长汇报，并采取预防措施。

2.4.4.3　炉底饱和温度调节与控制

（1）饱和温度是煤气发生炉运行的主要参数。适当调节蒸汽阀门与送风闸门，使其改变配比度，即可使饱和温度稳定在规定范围内。

（2）饱和温度低，易造成火层上移或煤层温度过高超过灰熔点，易使灰渣结焦。

（3）饱和温度过高，易造成火层下移或火层温度偏低，使炉子处于冷运行状态，影响煤气产量和质量。

（4）为调节氧化层温度，应调整饱和温度，火层温度低时，增大空气给入量或减少蒸汽给入量。

2.4.4.4　煤气发生炉正常生产转热备用炉操作程序

煤气发生炉因停电、缺水、停气、窑炉发生故障或本身故障，而暂时停止生产，但不熄火，处于随时可以投入运行状态时，称为热备用炉。正常生产转热备用炉的操作程序如下：

（1）煤气发生炉转热备用炉应取得值班班长同意（特殊情况除外），并通过窑炉操作人员，做好停气准备。

（2）停止投料，减少产气量（降低炉底风压及进气量）。

（3）慢慢开启煤气安全放散阀，同时窑炉工应迅速关闭燃烧器上的煤气阀与空气阀。

（4）关闭煤气发生炉的炉底进风阀，再关蒸汽阀。

（5）开启自然通风阀，关停风机。

（6）热备后禁止向炉内投料或打开探火孔，注意各部位水封的水面。

（7）找出事故原因，立即向有关领导汇报。

（8）热备时间较长时，一个班应加1~2斗料，但加料时，应先开风机，少量给风保持炉内火层温度，同时炉内呈正压状态。严禁在负压状态投料或开启探火孔。

2.4.4.5　热备用炉转为正常生产时的操作程序

（1）通知窑炉操作人员准备送气，进行检查，窑炉的安全放散阀应处在开启状态，煤气燃烧器上的阀门均应处在关闭状态。

（2）关闭自然通风阀，启动鼓风机。

（3）如果停运时间较长，应在炉底送风前向炉底送入蒸汽吹扫炉底。

（4）开启入炉空气阀，注意控制风量由小到大逐渐增加。

（5）调节蒸汽阀，控制饱和温度及各项操作参数，待煤气正常后，通知窑炉操作人员按燃气炉安全操作规程点火启用程度与方法运作。

（6）待窑炉启用煤气后，根据窑炉温度，随时调节煤气炉的各项运行指标，直至正常。

2.4.4.6　将运行中的煤气发生炉停运熄火操作程序

（1）接到上级停炉熄火的指令后，通知窑炉操作人员停用煤气燃烧器，并关闭煤气、空气阀门。

（2）降低煤气发生炉鼓风量，同时加大饱和温度。

（3）停止加料，停止运转灰盘。

（4）打开煤气发生炉侧的安全放散阀，关闭炉底空气阀，停运鼓风机。

（5）开大炉底蒸汽，直至煤气炉出口温度与蒸汽温度相同时，停止给蒸汽，炉内冷却到 40～80℃时，可转动灰盘除灰，停炉。

2.4.5　煤气发生炉常见故障及处理

2.4.5.1　煤气发生炉冷运转故障及处理

A　冷运转现象

（1）煤气发生炉出口温度低于正常值。

（2）煤气发生炉内料层呈现一片黑色或暗黑，略带红色。

（3）煤气含水分过多，质量变坏，二氧化碳含量增多，窑炉趋于下限范围。

B　冷运转危害

（1）灰层薄易烧坏炉栅或炉裙。

（2）炉内温度低，氧化还原反应不充分，气化效率低，煤气质量及产量满足不了窑炉的能耗要求。

（3）由于氧化层温度降低，灰层过薄，气化剂预热，原料气化不完全，灰渣含碳量增高，原料消耗量增大。

C　造成冷运转的原因

（1）饱和温度高于正常控制值。

（2）气化原料中粉末过多，料层阻力增大，透气性变坏。

（3）除灰过多，火层低于炉栅顶端，而总层又偏高。

D　冷运转处理办法

（1）根据炉内状况适当降低饱和温度，借此提高氧化层温度，但不允许长时间超过规定范围。

（2）适当增加入炉空气量，加快氧化燃烧速度，提高灰层厚度和氧化层温度及气化剂预热温度。

（3）煤气发生炉出气温度偏低时，尽量延长投料时间。

（4）火层较低时，停止灰盘转动除渣，培养火层。

（5）筛去 10mm 以下的煤灰粉末。

2.4.5.2　煤气发生炉热运转故障及处理

A　热运转现象

（1）煤气出口温度过高，超出了规定范围。

（2）开启探火孔观察，炉内料层表面一片火光，出现局部冒火、烧穿现象。

（3）从探火孔出来的煤气着火，煤气中的一氧化碳含量偏低，煤气质量变差。

（4）灰层增厚快，灰中含残碳量不稳定，有较多随灰渣排出。

（5）往煤气炉内插钎子时，感到料层发黏。

B　煤气发生炉热运转的危害

（1）灰层相对过高，其他层厚度相应变薄，还原不充分，二氧化碳含量增多。

（2）氧化层温度过高，超过灰的熔点易引起结焦，炉况恶化，气化反应不好，有效组分降低。

（3）由于局部冒火，出现烧穿现象，导致空气走捷路，煤气中可燃组分二次燃烧。同时，因氧含量的增高，直接危及安全生产。

（4）灰渣里含碳量增高，促使气化原料的消耗定额上升。

C　造成热运转的原因

（1）饱和温度小于正常值或波动大，时间长，或燃烧层过薄。

（2）灰层长时间高出正常值，除灰不及时，没有按时透炉，均衡松紧度和总层高度超出正常范围。

D　热运转处理办法

（1）根据实际情况，加强操作力度，适当提高饱和温度，但不能超过4℃。

（2）适当加料，除灰，透炉。使总层达到 800～1100mm，重新培养火层及还原层、干馏层及干燥层。

（3）根据窑炉温度，酌情减小风量。

2.4.5.3　煤气发生炉层次偏斜故障及处理

A　偏斜运行现象

层次偏斜主要是炉内灰层一边高、一边低，火层也同时偏斜，高的一边冒火呈热运行，低的一边发暗呈冷运行，煤气发生炉出口温度急骤上升。

B　煤气炉偏斜运行的危害

煤气发生炉出现层次偏斜，容易引起炉内局部冒火、烧穿，造成煤气中二氧化碳含量升高，一氧化碳含量下降，甚至出现煤气中氧含量增加的被动局面，以及灰渣中含碳量升高等现象。

C　煤气发生炉层次偏斜的原因

（1）气化原料粒度不均，煤粉及含水量过大，造成入炉原料偏斜，布料不均匀，没能及时调整处理。

（2）由于原料粒度问题，入炉后气化速度不一，造成炉内松紧不一，粒度大处通风燃烧激烈，产生孔洞与冒火。

（3）炉内局部结焦未能及时处理和透炉调整，或处理不慎风量分布不均。

D　煤气发生炉炉层偏斜处理方法

（1）灰层高处进行捅灰，并用小钩子从灰盘拨灰，尽快将灰渣排出炉内。

（2）在燃烧不好的地方，在总层偏高处要适当地透炉，细心地在料层中打气孔提高通风量。

（3）在有光亮处和燃烧猛烈的孔洞地方用铁钎使料层紧密，并用铁钎将周围未燃烧的煤拨散到烧穿的地方，根据情况适当加料覆盖，保持料层均匀。

（4）如发现有结焦现象，可适当增加饱和温度，但不超过饱和温度控制范围。

（5）加强对气化原料的筛分处理，筛除原料中的 10mm 以下的煤炭粉末。

E　煤气发生炉的事故处理

煤气发生炉有时出现突发情况，因此必须及时处理，以确保安全。遇到下列情况应立即改热备用或停炉：

（1）供电停止时。

（2）供气或供水停止 4h 以上时。

（3）煤气发生炉裙板被烧穿，炉底送风从灰盘外溢而不能处理时。

（4）煤气发生炉水夹套破裂或开焊，在运行中不能立即维修处理时。

（5）投料设施有问题，用人工无法满足投料，煤气炉出口温度达到 600℃ 以上时。

（6）煤气管道或除尘器发生严重故障，而无法处理时。

3　常见煤气设备、设施的安全要求

3.1　煤气混合与加压设施

冶金煤气作为优质的气体燃料，具有热效率高、输送方便、易于燃烧控制的特点。冶金联合企业近年来将轧钢加热炉、动力锅炉等均改造为以副产煤气为燃料，取得了较好的经济效益和社会效益。如何充分回收和有效利用副产煤气，已成为冶金企业发展循环经济的重要工作。

由于副产煤气的种类不同，其发热值也不同，为使副产煤气得到充分合理利用，在煤气平衡方面一般采取单一或两种以上煤气混合使用的方法，来满足生产用煤气热值的要求。

3.1.1　煤气混合与加压的配置方式

煤气混合与加压的配置方式有如下几种：

（1）煤气混合前均不加压。充分利用煤气本身的压力能，无需加压设备，一般适用于低压烧嘴的用户，该配置方式要求主管道煤气压力稳定，并大于混合压力500Pa，以保证调节系统正常工作，从而向用户提供热值和压力比较稳定的煤气气源，如图3-1所示。

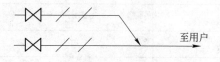

图3-1　混合前均不加压

（2）混合前只加压一种煤气。需要混合的两种煤气中的一种煤气压力较高，能满足用户需要，而另一种煤气压力较低时，可以对压力低的煤气加压后，与未加压煤气混合后送用户使用，如图3-2所示。

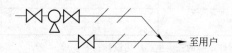

图3-2　混合前只加压一种煤气

（3）混合前两种煤气都加压。加压机后压力稳定，系统调节简单，便于集中控制，如图3-3所示。

（4）混合后再加压。这种方式只加压一种煤气，系统简单，混合均匀，对混合器的结构除要求阻损小外，没其他要求，如图3-4所示。

图 3-3　混合前两种煤气都加压

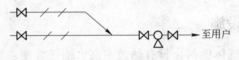

图 3-4　混合后再加压

3.1.2　煤气混合、加压站安全防火要求

混合站和加压站与周围建筑物、厂内铁路、道路、明火或散发火源的地点及配电室之间的防火间距，应符合相关国家标准。

根据《建筑设计防火规范》（GB 50016—2006）和《工业企业煤气安全规程》（GB 6222—2005），煤气加压站、混合站和焦炉煤气等抽气机室主厂房的火灾危险性分类及建筑物的耐火等级如表 3-1 所示。

表 3-1　厂房的火灾危险性分类及建筑物的耐火等级

厂　房　名　称	火灾危险分类	耐火等级
发生炉煤气加压站主厂房①	乙	二
煤气混合站主厂房②	乙	二
焦炉煤气抽气机主厂房	甲	二
直立连续式碳化炉煤气抽气主厂房	甲	二
转炉煤气抽气机室和加压站厂房	乙	二
水煤气加压站厂房	甲	二
煤气混合站管理室		二
煤气加压站管理室		二
焦炉煤气抽气机站管理室		二

① 发生炉煤气加压机房按有爆炸危险的乙类生产厂房设计；
② 当混合煤气发热值大于 12552kJ/m³（3000kcal/m³）、爆炸下限小于 10% 时，煤气混合站按甲类生产厂房设计。

焦炉煤气、水煤气以及其他爆炸下限小于 10% 的煤气或混合煤气的加压站厂房、属甲级火灾危险性和爆炸危险性的厂房，均应为单独建筑物，应设计防爆泄压面积，该面积与厂房体积的比值可取 0.05~0.10m²/m³，门窗应向外开，要有不少于两个出口和入口。甲、乙级危险性的加压站和混合站，均应考虑相应的安全间距、安全通道、防火间隔以及其他安全疏散设施，其中混合站和加压站的安全疏散距离（指工作地点到出口），可按单层甲级不大于30m、乙级不大于75m来考虑。

煤气加压站和混合站的管理室与主厂房之间，应采取隔墙、隔音，应设有能观察机械运转并有隔音的双层有机玻璃窗或设视频监控；管理室应根据自动化技术的发展采用微机控制系统，实现有效的人机分离；站房内应设有一氧化碳监测报警装置，监测报警应配备有声光报警，并把信号传送到管理室内，实现监测报警与通风系统的联锁。

3.1.3 工艺设备要求

为保证用户混合煤气的热值和压力稳定，混合站应设有热值、压力、流量等调节设备，一般采用流量配比或热值指数调节的自动调节系统，由压差调节装置与蝶阀、流量孔板等组成。

3.1.3.1 混合站

在引入煤气管道的起始端应设置切断装置和可靠的隔断装置（可靠隔断装置宜采用电动远控装置），应设有煤气主管压力低于规定值的报警声光信号，引入混合的煤气管道间的净距离不小于800mm，混合煤气压力在运行中应保持正压。

对混合站发生的故障，其中包括煤气源全部断绝或某种煤气来源断绝、停电及混合站压力波动等，应及时处理。对煤气源断绝，需查明断绝原因，通知各煤气用户止火或保温；全部断绝时，应立即往管道送蒸汽或氮气保压；某种气源断绝时，可分情况，关闭断绝气源的蝶阀，开动和调节保持气源的蝶阀，必须保持管道压力在500Pa（50mmH$_2$O）以上。

3.1.3.2 加压站

每台加压机、抽气机前后应设自动切断装置和可靠的隔断装置，并可在管理室内操作，实现有效的人机分离；加压机进口应装有调节阀；进出口末端应设有放散管；加压机及进出口管道最低处应设排水器及主要自动控制调节装置、联锁装置及灯光信号等；加压站应两路电源供电；主机间以及主机与墙壁间的净距一般不小于1.5m，主要通道应不小于2m；发生炉煤气加压机的电机必须与空气鼓风机联锁，鼓风机停止时，加压机应自动停机。加压机发生故障时，例如鼓风机振动的故障，包括转子与机壳摩擦、转子挂尘、轴承间隙大、螺栓松动、风机存水和运气量过小等，应查明原因，及时处理。

3.2 煤气柜

煤气柜也称煤气贮藏塔或煤气罐，可有效回收剩余煤气，稳定煤气管网压力，提高煤气利用率。

3.2.1 防火与防火间距

煤气柜的防火要求和防火间距应符合《建筑设计防火规范》的规定。一般煤气柜之间的防火间距应不小于相邻两柜中较大煤气柜的半径；干式煤气柜防火间距应较湿式煤气柜与建筑物、堆场的防火间距规定要求增加25%。煤气柜与构筑物之间的防火间距，湿式煤气柜与建筑物、堆场的防火间距见表3-2和表3-3。

表 3-2　煤气柜与构筑物之间的防火间距　　　　　　　　（m）

厂外铁路 （中心线）	厂内铁路 （中心线）	厂外道路 （路边）	厂内道路（路边）		架空输电线
			主要	次要	
25	20	15	10	5	不小于 1.5 倍杆高

表 3-3　湿式可燃气体储罐与建筑物、储罐、堆场的防火间距

名　　称	防火间距/m				
	$V^①$ < 1000	1000 ≤ V < 10000	10000 ≤ V < 50000	50000 ≤ V < 100000	100000 ≤ V < 300000
甲类物品仓库 明火或散发火花的地点 甲、乙、丙类液体储罐 可燃材料堆场 室外变、配电站	20.0	25.0	30.0	35.0	40.0
高层民用建筑	25.0	30.0	35.0	40.0	45.0
裙房、单层或多层民用建筑	18.0	20.0	25.0	30.0	35.0
其他建筑　耐火等级　一、二级	12.0	15.0	20.0	25.0	30.0
三级	15.0	20.0	25.0	30.0	35.0
四级	20.0	25.0	30.0	35.0	40.0

注：固定容积可燃气体储罐的总容积按储罐几何容积（m^3）和设计储存压力（绝对压力，10^5Pa）的乘积计算。
① 湿式可燃气体储罐的总容积，m^3。

3.2.2　煤气柜的分类与结构形式

工厂煤气柜一般是低压储气罐，按其密封方式分为湿式和干式两类，国外低压储气普遍采用干式罐，国内较多采用湿式罐，近年来逐渐采用干式的，尤其是钢铁企业使用干式的日益增多。

3.2.2.1　湿式柜

湿式柜按其结构形式分直立导轨式和螺旋式两种，前者已逐渐淘汰，后者在广泛采用。湿式柜靠水密封，密封性好，易于制造、安装，操作维护简便，运行可靠，但基础荷载大，地基条件要求高，基础工程费用大，寒冷地区需考虑水槽防冻问题，且受塔体结构限制，贮藏煤气压力低，一般都不超过 4kPa（400mmH$_2$O），塔内压力随塔节升降而变化，对稳定煤气管网压力效果较差。

（1）直立导轨式湿式柜。直立导轨式湿式柜（见图 3-5）最早广泛使用，由一个或多个套筒式塔身安装在充满水的圆柱形水槽中，当充气时罩和套筒从水槽中升起，借助水槽

顶部四周格架垂直立柱为导轨,升降速度一般不超过1.5m/min,各层塔身间都形成一层水封,操作简便,运行可靠,维护量小,但较螺旋式材料耗量大,造价高。

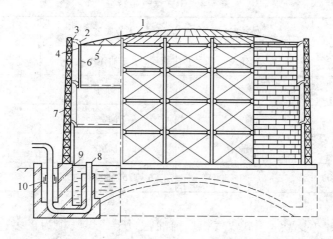

图 3-5 直立导轨式煤气贮藏塔
1—顶板;2—导轮架;3—导轮;4—顶环;5—顶架;6—内立柱;
7—导轨立柱;8—进出气管;9—底环;10—补偿器

(2)螺旋式湿式柜。螺旋式湿式柜(见图3-6)在可动塔节侧壁外面安装有与水平夹角为45°的螺旋形导轨,充气时,浮塔侧壁的导轨在下一节塔壁顶部安装的导轮控制下,塔身缓慢旋转上升,速度一般为0.9~1m/min,螺旋式虽较直立导轨式节约钢材,但不能承受强烈风压,不能建在强台风地区。

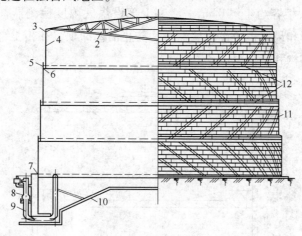

图 3-6 螺旋式煤气贮藏塔
1—顶板;2—顶架;3—顶环;4—立柱;5—水封挂环;6—水封杯环;7—底环;
8—补偿器;9—进出气管;10—倾斜排污底板;11—螺旋导轨;12—导轮座

3.2.2.2 干式柜

干式煤气柜按密封形式不同一般分为稀油密封型(曼型)、橡胶薄膜密封型(威金斯型）和润滑脂橡胶圈密封型（克隆型）三种，见表3-4。

表3-4 干式煤气柜特征

类型名称	曼 型	克隆型	威金斯型
结构形式	油环式	干油环式	布帘式
外形	正多边形	正圆形	正圆形
密封方式	稀油密封	干油密封	橡胶夹布密封
活塞形式	平板桁架	拱顶	T型挡板
储气压力/kPa(mmH$_2$O)	6~8(600~800)	6~8.5 (600~850)	2.5~6 (250~600)

（1）稀油密封（曼型）干式煤气柜。稀油密封干式煤气柜为正多边形结构，活塞周边设有用弹簧压紧的钢滑板和油沟，沟内注密封油，充填密封油高度要保证底部油位静压力大于煤气压力，以防止煤气外逸。活塞随煤气进出而升降。柜外设油泵站，活塞油沟渗漏的密封油，沿柜内壁流入底部油沟，经脱水后用油泵重新打到活塞油沟循环使用。最早密封油采用特制的煤焦油，1945年后改用矿物油。密封油的黏度（50℃）为 3.8×10^{-7} ~ $5.5 \times 10^{-7} \mathrm{m^2/s}$，凝固点应低于建柜地区大气最低温度，闪点大于180℃，密度为0.88 ~ 0.9g/cm^3，具有良好的水分离性和抗乳化性能，对金属无腐蚀。油泵站个数随柜容的增大而增加，一般为2~6个。活塞升降速度最大为3m/min，储气压力一般6.8kPa左右。高径比1.5~1.9，最大柜容约 $4 \times 10^5 \mathrm{m^3}$。活塞上部设煤气浓度检测器，柜内设超声波和绳轮柜容计量器，最高和最低柜位设报警器。为防止活塞冲顶，在柜上部设紧急放散管，柜外设大放散管。其结构和特征见图3-7。

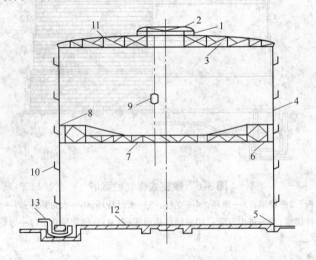

图3-7 曼型（油环式）煤气柜

1—天窗；2—换气装置；3—顶架；4—侧板；5—底部油环；6—活塞密封装置；7—活塞；
8—导轮；9—内部电梯；10—走梯；11—顶板；12—底板；13—进出气管

（2）威金斯型干式煤气柜。威金斯型气柜也称卷帘式干式气柜、橡胶膜密封气柜，这种气柜压力在 2000~10000Pa 之间，为圆形结构，内部为活塞，在柜体下端与活塞周边用柔性橡胶薄膜连接，达到密封的效果，活塞与橡胶薄膜可随煤气的充入或放出而升降。与其他类型煤气柜相比，威金斯干式煤气柜结构简单，附属设备少，既不需要水封，也不需要任何油封，免除了复杂的供水、供气、供油系统，且设备使用寿命长。在冶金行业，该干式煤气柜一是具有吞吐量大的优点，升降速度可达到 5m/min，既能完全适应转炉煤气回收工艺要求，又能满足用户（轧钢加热炉、钢包烘烤）稳定供应煤气的要求；二是储气压力波动小，管网压力稳定。其结构如图 3-8 所示。

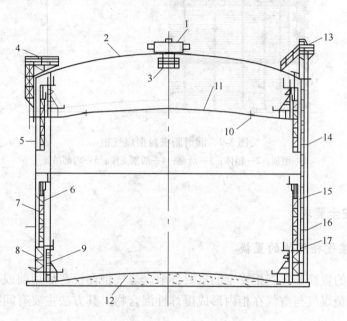

图 3-8　威金斯型气柜结构图

1—柜顶部通气孔；2—柜顶板；3—观察平台；4—防回转调平装置；5—柜壁；6—T 型挡板支架；

7—外圈密封帘；8—内圈密封帘；9—活塞挡板支架；10—活塞检修立柱装配孔；11—活塞；

12—气柜底板；13—紧急放散系统；14—走梯；15—T 型挡板波形板；16—密封角钢；

17—T 型挡板下部支架

（3）克隆型煤气柜。克隆型煤气柜即润滑脂橡胶圈（或织棉）密封的干式煤气柜，柜体结构为圆柱形，活塞周边安装有橡胶（或织棉）密封圈，活塞为拱顶结构。

其构造特点是柜体侧壁及活塞之间设有密封橡胶环装置，此装置分上下两部分，上部有三层密封橡胶环，下部有两层胶环，相邻两层胶环间用木垫块隔开。上下两部分密封环用连杆连接并借杠杆系统将密封橡胶环紧贴在煤气柜侧壁上。密封橡胶环装置固定在活塞支架上，随活塞的升降而升降，供油管向密封橡胶环间充填润滑脂，起密封和降低活塞升降时摩擦阻力的作用。地面和活塞上部设有润滑脂供应系统。

最高储气压力为 8kPa，压力波动为 ±500Pa，活塞升降速度最大为 7m/min。为检查、维修活塞密封装置，柜外设外部电梯，柜内设内部电梯和救助吊笼，内部电梯可自动跟踪活塞，如图 3-9 所示。

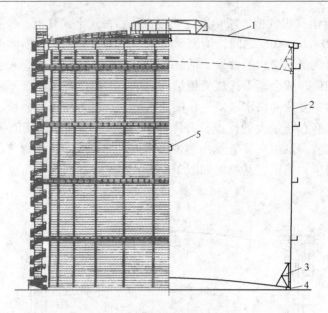

图 3-9 润滑脂密封型煤气柜
1—柜顶；2—柜体；3—活塞；4—活塞支座；5—内部吊笼

3.2.3 煤气柜安全要求

3.2.3.1 煤气柜气体的置换

煤气或空气的置换是煤气柜安全的重要环节。煤气柜在投产启用前或检修前，均须进行气体置换，以免煤气与空气在柜内形成爆炸性混合物。其方法主要有间接置换和直接置换两类。

(1) 间接置换。煤气柜使用惰性气体进行间接置换，不会产生爆炸和污染，是安全可靠的方法，置换的介质可选用氮气、二氧化碳、惰性气体发生器产生的烟气或煤气燃烧器在控制空气比例下完全燃烧所产生的烟气，以及水煤气制气装置产生的吹扫气。应注意选取与待吹扫的煤气特性截然不同的吹扫介质，例如，应避免某些煤气与所使用的惰性气体有很相似的二氧化碳含量的情况，应考虑选取密度大的惰性气体置换密度小的煤气或者密度小的惰性气体置换密度大的煤气等。

1) 置换空气。在煤气柜启用前使用惰性气体置换空气时，应将排气口打开，浮塔（湿式）或活塞（干式）处于最低安全位置；通过进口或出口放进惰性气体，如惰性气体是燃烧产物，吹扫应继续到排出的惰性气体中的二氧化碳含量至少为原来气体中二氧化碳含量的 63%，如惰性气体为纯二氧化碳，则排出气体中至少含 50% 的二氧化碳；应注意吹扫的对象还应包括煤气柜的进口管路和出口管路，在关掉惰性气体前，将顶部浮塔或活塞浮起，对可能出现的气体体积的收缩应考虑适当修正量；关掉惰性气体。换接煤气管道，使用排气口向气柜进煤气，以便尽可能地置换惰性气体；换气需持续到气柜残存的惰性气体不致影响煤气特性为止；在整个置换过程中，应始终保持柜内正压，一般约 1500Pa（150mmH$_2$O）左右，最少不低于 500Pa（50mmH$_2$O）；随后关闭排气孔，此时柜内已装满煤气，可投入正常使用。

2）置换煤气。在煤气柜进行检修或停止使用需要吹扫煤气时，同样，气柜应排空到最低的安全点，关闭进口与出口阀门，使用盲板等使气柜安全隔离；应保持气柜适当的正压力；所选用的惰性气体介质，不应含有大于 1% 的氧或大于 1% 的一氧化碳，使用氮气作吹扫介质时，所使用氮气量必须为气柜容积的 2.5 倍；惰性气体源应连接到能使煤气低速流动的气柜最低点或最远点位置上，正常情况下应连接在气柜进口或出口管路上；顶部排气口打开，以使吹扫期间气柜保持一定压力；吹扫要持续到排出气体成为非易燃气体，使人员和设备不会受到着火、爆炸和中毒的危害，可用气体测爆仪和易燃或有害气体检测仪对气柜内的气体进行检测；用惰性气体吹扫完毕，应将惰性气体源从气柜断开；然后向气柜鼓入空气，用空气吹洗应持续到气柜逸出气体中一氧化碳含量小于 0.0024%，氧的浓度不少于 19.5%（体积分数），还应测试规定的苯和烃类等含量，以达到无毒、无害状态（无着火、爆炸危险，人员可不戴呼吸器进入气柜内工作）；气柜经吹扫符合规定要求，办理相关作业票，实施受限空间作业许可制度，经指定人员检查确认和规定人员批准后，进一步经检查现场没有可燃性气体或沉积物时，方可进行焊接、气割或火焰清理等动火作业以及其他检修作业。

（2）直接置换。煤气柜用煤气直接置换的方法，危险性较大。因为在用煤气直接置换过程中，煤气与空气的混合气体必定经过从达到爆炸下限至超过爆炸上限的过程，存在着着火、爆炸的危险，此外，用煤气直接置换必将向大气中放散大量煤气，对周围环境造成污染，所以一般不宜使用此方法。

有的煤气柜，限于条件或其他原因而采用煤气直接置换方法时，必须采取严格的特殊防范措施，如煤气柜周围 100m 内应设警戒线，并设专人监测监护周围环境，发现异常，应及时停止放散，煤气流经管道的速度不得大于 10m/s，整个煤气柜应良好接地（任何部位接地电阻均应小于 4Ω）等等。如不符合规定的特殊安全防范措施要求，则应采用其他方法置换。

3.2.3.2　煤气柜周边有关安全要求

煤气柜周围应设有防止任何未经批准的人接近煤气柜的围墙等设施，柜梯或台阶应装有带锁的门；四周 6m 之内不应有障碍物、易燃物和腐蚀性物质；煤气柜所有工作处，均应有安全通道和安全作业区，包括梯子、抓手、罐盖等，在高出地面 2m 的气柜上任何部位工作应有合适的工作台或脚手架或托架，备有安全带和挽具，在气柜上要用的绳子、安全带、挽具和托架等所使用的钩应是自闭型的；出口和入口的连接件应与气柜完全隔开；气柜的固定地点或入口处应备有相应的警戒标志、呼吸装置、苏生器、灭火装置和其他急救设备；放气点周围 40m 内要清除火源；在气柜外壳或进入气柜工作必须经特殊批准，经测试吊笼等安全可靠并有专人看守和操作，允许进入时，进入气柜应至少 2 人，并携带空气呼吸器和 CO 监测警报仪要有专人监护，并有气柜内发生意外事件的报警或无线电通信装置，不得穿戴易产生火花的衣服鞋袜。

3.2.3.3　运行安全管理

湿式柜，每级塔间水封的有效高度不小于最大工作压力的 1.5 倍；应设有容积指示装置，充气达到上限时自动放散和手控放散装置，柜位降到下限自动停止向外输出煤气或自动充压装置；操作室应设有压力计、流量计、高度指示计和容积上下限声光报警信号。

湿式柜的安全检查重点是：气柜水分析，导柱垂直度，气柜垫块，上下挂圈水位，导轨框架结合点、铆接缝的搭接边缘、螺旋导轨的板面和柱子的腐蚀状况，梯子和扶手状况，埋地柜体外壳各部位状况，防爆装置和防冻设施状况等等。

干式柜，应设有连续监测活塞上方大气和异常报警装置，油泵供电失灵报警装置，气柜内部发生意外事件时能从气柜顶部传到地面的报警装置；控制室应设活塞升降速度、煤气出入口阀开度、煤气放散阀和调整阀开度以及放散管流量等测定和显示装置，以及各种阀的开关和故障信号装置；大型煤气柜应设外部和内部电梯，电梯应有极限开关和防止超载、超速装置，以及救护提升装置。

干式柜安全检查重点是：气柜所有活动部件和气柜壁的腐蚀、泄漏情况，密封和密封介质分析以及导轨构件所有活动部分，活塞和活塞倾斜度（不允许超过活塞直径的1/500），导轮和套筒的磨损，油井和油槽，梯子和内部提升机，顶盖和天窗，进出气口和煤气容量安全阀及排污阀，检测仪和遥控指示仪以及电器设备等等。

3.2.4 煤气柜的安全技术检验

煤气柜施工安装后必须进行严格检查与试验。

3.2.4.1 湿式柜的检验

湿式柜的检验包括基础验收、柜体内外涂漆和水槽底板上的沥青表层的验收、水槽压水试验、升降试验以及严密性试验。

A 升降试验

应检查塔体升降平稳性、导轨和导轮的正确性以及罐整体。每塔节上升时塔内气体计算压力，以施工实际用质量为依据，按下式计算：

$$p = 9.8m/A$$

式中 p——罐内气体计算压力，Pa；

m——已升起塔体实际施工安装材料质量（包括挂圈内水封水质量），kg；

A——已升起塔节截面积，m^2。

B 严密性试验

上述升降试验合格后，应重新鼓入空气，关闭进出口阀门，使罐体稳定在稍低于升起的最高高度位置，注意不要充入介质过多，以免因气温上升、膨胀而造成底部水封被压穿大喷或损坏气柜。气柜严密性试验方法分为测定泄漏量的间接试验法和涂肥皂水的直接试验法两种。

（1）测定泄漏量的间接试验法。将气柜内充入空气或氮气，充气量约为气柜全部贮容量的90%，以静置7天后柜内空气标准容积为结束点容积，与开始试验时容积相比，泄漏率不超过2%为合格。其泄漏率计算公式如下：

$$A = \left(1 - \frac{V_{n2}}{V_{n1}}\right)\% \leqslant 2\%$$

式中 V_{n1}——试验开始时气柜内空气的标准容积；

V_{n2}——试验结束时气柜内空气的标准容积。

由上式可知所测定柜内空气容积应换算成标准容积，可应用如下理想气体方程式换算：

$$\frac{p_t V_t}{T_t} = \frac{p_n V_n}{T_n}$$

则

$$V_n = V_t \frac{p_t T_n}{p_n T_t}$$

式中 p_t，V_t，T_t——测定值；

p_n，V_n，T_n——标准状态值。

而 $p_n = 760\text{mmHg}$

$T_n = 273\text{K}$

$T_t = (273 + t)\text{K}$

$p_t = B + p - \omega$

式中 B——气柜约 1/2 处上下大气压的平均值，mmHg；

ω——水封的水蒸气分压力，mmHg；

p——湿式柜工作压力，mmHg；

t——充入柜内空气各点的平均温度，℃。

注：$1\text{mmHg} = 133.3224\text{Pa}$，此处为实际应用上的方便，未换算为国标单位。

于是，可得测定柜内空气容积换算成标准容积的计算式如下：

$$V_n = V_t \times \frac{273 \times (B + p - \omega)}{760 \times (273 + t)}$$

（2）涂肥皂水的直接试验法。在各塔节及钟罩顶的安装焊缝全长上涂肥皂水，然后在反面用真空泵吸气，以无气泡出现为合格。

3.2.4.2 干式柜的检验

干式煤气柜的检验，应按其结构类型特点，相应检查其活塞倾斜度、活塞回转度、活塞导轮与柜壁的接触面、柜内煤气压力波动值、密封油油位高度、油封供油泵运行时间和油封结构、气柜所有活动部件以及与密封口接触的柜壁钢板边缘和焊缝等。

干式煤气柜安装完毕，与湿式煤气柜同样需要进行严密性试验，其试验方法和要求也与湿式煤气柜的试验相同。

3.2.5 煤气柜（低压湿式）常见失效分析

低压湿式煤气柜是在水槽内置放钟罩，钟罩随煤气的充入或放出而升降，同时利用水槽内的水隔绝钟罩内储存的煤气进入大气或钟罩外的空气进入罩内。

湿式柜体结构由于经常浸入水内容易腐蚀，由于没有刚度较大的外导架等，它的抗侧向能力比较差，导轮易脱轨，塔壁易变形开裂等等，这些都影响到煤气柜的正常运行，严重时，将导致煤气柜失稳破坏。因此，进行煤气柜失效分析和安全评价，并提出解决方法，是很有必要的。

3.2.5.1　轮卡脱轨及轮轨磨损分析

煤气柜导轨垫板及导轨本身按45°螺旋线安装在湿式煤气柜的塔体上，导轮则安装在与该塔节紧接的下一塔的上挂圈上，在塔节上升、下降时，导轮位置不动，导轨在两个导轮间穿行，升降运行轨由导轨和导轮配合共同制约，在较理想的运行状况下，塔体上升时，上轮受力并转动，下降时，则下轮受力并转动，以减少导轨磨损。导轮与导轨匹配位置和指向的调整是在静止状态下进行的，而煤气柜在长年运行中，要受到风力、雨、雪、腐蚀性气体等自然环境条件以及升降速度、频度、设备维护等因素影响，使塔体产生变形和倾斜，并且塔体在制造中有尺寸误差（塔体在高度方向及圆周方向上的尺寸误差、两导轨的平行度、导轮与导轨的间距、导轮安装位置及方向），这些因素的相互作用都影响塔体在升降过程中导轮与导轨的相互配合，严重时，就会变滚动磨损为滑动磨损，造成导轮、导轨磨损严重，甚至导轮卡轨。

一般说来，上下导轮是联为一体的，即上下轮轨间距之和应大体为一定值。但在实际检测中，会发现许多卡轨部位上下轮轨间距之和有较大的变化，除去测量误差外，导轨存在变形是肯定的。而导轨是与塔壁连为一体的，因此，柜体变形是造成导轮卡轨、轮轨磨损的原因之一。

导轮磨损严重，轮轨间距过大将影响柜体正常运行，而一旦导轮卡轨、脱轨，则使柜体在升降过程中阻力增大，有可能加剧塔体倾斜，同时在壁板中产生应力集中，使壁板变形、开裂、泄漏。因此，需对这些导轮导轨进行相应调整或更换。

3.2.5.2　变形及裂纹成因分析

煤气柜壁板厚度一般为3mm，受各方面条件的限制，主要靠导轨支承，其刚度有限，经常升降的塔节由于频繁受到水封的冲击，极易产生波浪变形，凸凹变形严重部位在升降过程常发出变形响声。柜壁变形也影响到导轮、导轨的正常运行。

根据多年实际检测，发现裂纹及泄漏较多出现在以下部位：升降频繁的塔节、壁板波浪变形及凹凸变形拐点处、塔顶盖板的棱角变形处、导轨垫板与菱形壁板搭接焊缝处。

在塔节升降过程中，导轮作用在导轨上的力，会对导轨垫板与菱形壁板搭接焊缝处产生附加的弯曲应力和剪切应力，并且壁板在露出或沉入水槽时，都会伴随着局部凹凸变化，且有响声，这些变化都将力传给导轨两侧和上挂圈、下杯圈搭接焊缝处，使这些部位产生应力集中，导致壁板变形、开裂、泄漏；而一旦导轮卡轨，则加剧这种破坏。

经常升降且使用年限长的区域，受到的疲劳破坏最严重，当然，发现的裂缝和泄漏部位也最多。因此，塔节升降频繁、运行不畅、导轮卡轨、变形、壁板腐蚀等是造成煤气柜壁泄漏的原因。

塔顶盖板在下料和组装过程中有尺寸误差，这样就在部分搭接纵缝处存在强力组装，形成菱形变形，菱形变形严重部位极易积水。由于同时存在腐蚀介质和组装应力，在这些塔顶变形处存在着应力腐蚀。这样就不难理解为什么在塔顶变形处发现较多裂纹。

根据上述分析可以得出，控制安装中壁板的尺寸误差及导轮卡轨的配合误差是减少变形及裂纹的有效方法之一；在实际使用中，防止塔节倾斜及尽量减少塔节升降次数，也是减少变形及裂纹的有效方法。

3.2.5.3 腐蚀分析

湿式煤气柜体腐蚀的主要原因是钢材的氧化，另外还有电解方面的原因，其中包括大气腐蚀、储存气体的腐蚀、水的腐蚀、水槽下面土壤的腐蚀及焊接引起的腐蚀等。

（1）大气腐蚀。在柜体钢材表面的油漆防护层有剥落的地方，一经与大气中所含的水蒸气以及其他活性气体接触，极易发生氧化腐蚀。另外，在柜体上易积存雨水的地方，由于雨水蒸发较慢，此处极易被腐蚀。

（2）储存气体的腐蚀。煤气柜的内表面，如钟罩顶板、水封杯圈板、挂圈板、塔节壁板等内表面，经常受到煤气中腐蚀性成分硫化氢以及氰的腐蚀。

（3）水的腐蚀。湿式煤气柜柜体大部分经常与水接触，由于水质所引起的柜体钢材腐蚀，主要有以下原因：水封杯圈内水的电解作用、水中含氨及氯氰酸的腐蚀、细菌腐蚀、水槽内或水封杯圈内落入金属件后形成的腐蚀。

（4）水槽底板下面土壤的腐蚀。煤气柜的水槽底板面积较大，时常发生很严重的腐蚀。这主要是由于土壤中地下水位的变化，地下水经常可以进入水槽钢底板与基础上表面两者之间的空隙中，形成纯化学腐蚀和电化学腐蚀。

（5）焊接引起的腐蚀。焊缝上常常遗留有害残渣，焊条药皮上的碱性渣可以降低油膜的附着力和耐久性，焊接时产生的氧化物和四处飞溅的熔化金属珠，形成了早期锈蚀的点。这样一来，柜体焊缝部位的油漆防护层常较其他部分易于损坏，然后就在这部分开始锈蚀。

根据上述分析可以看出，采取以下一些措施可以防止腐蚀：使煤气柜的位置远离散发腐蚀性气体的工厂以防大气腐蚀；储存气体在送入柜内以前，采取脱硫等一系列净化处理措施防储存气体的腐蚀；经常冲换水封杯圈内的水，在水封中加锌的化合物，在水中加杀菌剂等以防水腐蚀；在柜体外壁上做阴极防护以防电化学腐蚀；做好柜体的内外表面的防腐漆是最重要的防腐措施。

3.2.5.4 结论与讨论

（1）煤气柜的塔体变形是导轮卡轨、脱轨及轮轨磨损的主要原因。其他原因还有气柜静态安装和动态运行的配合误差、升降速度变化和塔体倾斜。导轮的卡轨和脱轨、导轮磨损、轮轨间距过大易导致气柜上升时阻力加大，加剧塔壁疲劳泄漏。

（2）升降频繁、运行不畅导致卡轨、变形、腐蚀等是造成煤气柜壁泄漏的主要原因。

（3）湿式煤气柜体腐蚀的最主要原因是钢材的氧化，另外还有电化学作用等其他方面的原因。需要做好煤气柜的油漆防腐，并进行阴极保护。

湿式煤气柜失效有多方面的原因，上述三条是最常见的，如果缺陷得不到控制并发展到一定程度，极易造成煤气柜的失稳破坏。我国煤气柜检验标准正在起草中，目前在用检验只能参考相应的制造安装标准，而用现在的安装标准去衡量已使用多年的煤气柜，显然是不合时宜的。因此，探索一种既能延长煤气柜使用寿命，又能保障其使用安全的检验方法，尽快制定出台相应的标准，是检验工作者当前努力的方向。

3.3　煤气管道

煤气管道是冶金企业用来输送不同种类煤气的最基本设施，由于煤气是易燃、易爆、易中毒的气体，输送管道必须具有严密性和可靠性。

3.3.1　煤气管道的分类

3.3.1.1　按煤气管道敷设的形式分类

（1）地下管道。埋设在冻结层以下的地层中，冬季最低气温在零度以上的南方地区，管道埋设在最深耕种层以下。冶金煤气除焦炉煤气管线外，输送其他种类的煤气管线，严禁埋地敷设。

（2）架空管道。管体露空敷设，有专用管架支撑。

3.3.1.2　按煤气压力分类

冶金企业煤气管道的压力分级没有明确的规定，通常按照设备工作压力划分为低压管道、中压管道和高压管道。

低压管道：$p \leqslant 2kPa$

中压管道：$2kPa \leqslant p \leqslant 5kPa$

高压管道：$5kPa \leqslant p \leqslant 100kPa$

3.3.2　冶金煤气管道的基本要求

因受力的复杂性煤气管道有别于其他结构体的要求，又因煤气的危险性和生产的多变性，输送中涉及的问题很多，冶金企业煤气管道形成了独特的结构和工艺方式以及特有的附属设施。

3.3.2.1　煤气管道的输气要求

（1）煤气管道要有足够的输气能力，以确保用户生产需要的最大煤气流量和压力。在此基础上又要最大限度地节省建设费用。

（2）煤气不仅是多种气体成分组成的可燃性混合物，而且还是气、液、固并存的多相气溶物，因此，管道必须考虑影响输气的积水、堵塞、防冻等问题，管道必须具备冷凝水的连续排放、设备的清扫、防冻保温以及防止污染的措施。

（3）煤气的生产、输配和使用过程存在很多变化，煤气管道必须考虑输气和停修两种工况的工艺要求，设置切断和可靠的隔断装置及吹扫置换设施。

（4）煤气管网输气应按不同的种类供应，并能保证在特殊情况下的替换和充压的需要。

（5）为能满足生产和工艺操作需要，应增设附属的动力设施和检测自控装置。

3.3.2.2　冶金煤气管道的安全要求

（1）尽量减少煤气管道的泄漏点和外泄煤气的工艺操作，并做好维护管理的区域划分，采取可靠的密封和长效的填料，新建和长期停用的管道未经严密性实验合格不准投入使用。

（2）有超压自动放散装置和巡检规章制度，确保排水器的有效高度，无煤气流散到其他管道的通路。

（3）煤气管道与各种火源保持一定的安全距离，防止煤气管道周围出现新火种，在火源附近禁止煤气作业，在煤气作业时严禁烟火，并应持有煤气安监部门的动火许可证。

（4）在运行或停用的煤气管道内要防止煤气与空气混合，不得对未可靠切断和未经检验合格的停用管道与设备动火或进入其内部作业。

（5）煤气管道应采取消除静电和预防雷击的措施。管道和支架上不应搭架线缆，伴随煤气管道的线缆应走专用线缆桥架。

（6）煤气管道按爆炸压力计算强度，室内外管道要有定期检查和壁厚测试、检漏制度，煤气管道和设备应避免使用直爬梯。

3.3.2.3　煤气管道的受力分析与要求

冶金煤气管道一般都是架空敷设的钢板卷焊管，一般情况下管径与管壁厚度之比（R/δ）大于100，二者均属于薄壁结构，就其静态受力情况分析如下：

（1）管道的主应力是受弯，局部受剪和受扭。

（2）运行管道承受煤气的内压力，特别是爆炸事故引起的内压和操作中造成的盲板力。

（3）气温和煤气温度的变化导致管道伸缩，由膨胀器承受，由于膨胀器的刚度而产生的弹性回击力对支架产生轴向推力和横向推力，煤气管道及其承载支架和基础必须满足强度、刚度及稳定性要求。

（4）管道应具备适应生产变化和发展的能力。煤气管道建成后使用寿命一般可达30年左右，在此间生产发展的变化是很大的，产品的更新和设备的改造是必不可少的，煤气管道特别是主干管要停产改造将会引起大面积、时间较长的停产，给企业造成巨大的损失，因此，在安装煤气管道时，尤其在形成管网的布局中，必须考虑与生产变化相适应的应变可能，并为生产发展创造条件。一般在满足用户最大用气量的基础上，再增加20%的输气能力。

3.3.2.4　煤气管道敷设的要求

工业企业的煤气管道应架空敷设，以便于维护检修，煤气泄漏可及时发现处理，可避免地面杂散电流腐蚀管道。若有困难，也可埋地敷设。但是，发生炉煤气、水煤气、高炉煤气、转炉煤气和铁合金炉煤气管道严禁埋地敷设。

（1）敷设架空管道的要求。

1）应敷设在非燃烧体的支柱上，不应敷设在燃料、木材和易燃易爆物等堆场和仓库区，不应敷设在输电线路下和配电室、变电所内。

2）煤气分配主管，应尽量敷设于室外，沿外墙敷设的，距墙壁不小于500mm，沿屋顶敷设的，离屋面不小于800mm。

3）煤气管道与工业管道，除动力电缆电线和腐蚀性介质管道外，可共架敷设，但相互间的垂直净距不小于250mm，水平净距不小于300mm。

4）架空敷设管道倾斜度为0.2%～0.5%。

5）与建构筑物水平净距不小于表3-5的规定。

表3-5　煤气管道与建构筑物水平净距

序　号	建筑物或构筑物名称	最小水平净距/m	
		一般情况	特殊情况
1	房屋建筑	5	3
2	铁路（距最近边轨外侧）	3	2
3	道路（距路肩）	1.5	0.5
4	架空电力线路外侧边缘　1kV 以下 1～20kV 350～110kV	1.5 3 4	
5	电缆管或沟	1	
6	煤气管道	1.5	
7	熔化金属、熔渣出口及其他火源	10	可适当缩短，但应采取隔热保护措施
8	其他地下平行敷设的管道	0.6	0.3

注：1. 架空电力线路与煤气管道的水平距离，应考虑导线的最大风偏；

2. 安装在煤气管道的栏杆、走台、操作平台等任何凸出结构，均作为煤气管道的一部分；

3. 架空煤气管道与地下管、沟的水平净距，系指煤气管道支柱基础与地下管道或地沟的外壁之间的距离。

6）架空煤气管道的高度（管底至地面的净距）应符合表3-6的规定。

表3-6　煤气管道至地面的高度要求

类　别	管道高度/m
输气主管	≥6
分配主管	≥4.5
高炉脏煤气、半净煤气、净煤气总管	
有泄气切断装置	≥8
无泄气切断装置	≥6
焦炉煤气回收净化区	≥4.5

7）架空煤气管道与铁路、道路、其他管线交叉时的最小水平净距应符合表3-7的要求。

表 3-7　架空煤气管道与铁路、道路、其他管线交叉时的最小水平净距

序　号	建筑物和管线名称	最小垂直净距/m	
		管道下	管道上
1	厂区铁路轨顶面	5.5	
2	厂区道路路面	5	
3	人行道路面	2.2	
4	架空电力线路： 　电压 1kV 以下 　电压 1~20kV 　电压 35~110kV	1.5 2 不允许架设	3 3.5 4
5	架空索道（至小车最低部分）	1.5	3
6	电车道的架空线		
7	与其他管道： 　管径 <300mm 　管径 ≥300mm	同管道直径但不小于 0.1 0.3	同管道直径但不小于 0.1 0.3

注：1. 表中序号 1 不包括行驶电气机车的铁路；
　　2. 架空电力线路与煤气管道的交叉垂直净距，应考虑导线的最大垂度。

（2）埋地管道的要求。埋地管道适于远距离输送。工厂区外的天然气管道一般埋地敷设，工厂区内的天然气管道和直径小于 350mm 的焦炉煤气管道，必要时也可埋地敷设。

1）所有埋地管线必须敷设于土壤稳定层内。

2）输送湿煤气和饱和天然气管道，应深埋在冻冰层以下。

3）埋地管道的地面一般不允许载重车辆通过，与铁路、公路交叉时，应设有大于管道直径 100mm 的套管，穿越公路的套管顶至路面应保持 1m，穿越铁路的套管顶至轨枕底应保持 1.5m；严禁在管道地面上或附近建筑房屋。

4）管道长度超过 500m 时，输送煤气中萘含量不应超过 5g/m³。

5）管道倾斜度为 0.2%~0.5%，低洼处应设排水器。

3.3.3　煤气管道的日常维护管理

煤气管网日常维护的目的是保证输气安全和附属设施处于正常的工作状态，出发点是预防煤气事故发生，维护内容包括防泄漏、防冻、防腐、防火、防超载和防失效，维护工作的方法是经常巡回检查和定期专项处理。

3.3.3.1　煤气管线巡检

企业煤气管线巡检是及时发现运行故障、排除危险因素、保证管网安全运行和正常输气的有效措施。一般巡检内容包括：

（1）煤气管道及附属设施有无漏水、漏气现象，一经发现应按分工及时处理。

（2）架空管道支架间挠曲、支架倾斜、基础下沉及附属装置的完整情况。管线、支架腐蚀和混凝土基础损坏情况。

（3）架空管道上有无搭缠线缆、增设管道或其他东西，管道下方有无堆积易燃、易爆

物品，管道支架附近有无取土、挖坑或新建建筑物等。

（4）煤气管道及附近动火作业有无相关手续，防火措施是否得当，电焊作业是否利用煤气管线导电，管道排放污水是否符合规定，是否造成污染。

（5）排水器的水封水位是否保持溢流状态，隔离护栏是否有损坏。

（6）冬季生产，管道及附属设施的保温、防冻情况，有无堵、冻现象，有无积水和冰瘤及其他危害隐患。

（7）管道附近施工是否利用管道和支架做起重、拖拉支撑，吊挂物是否危及到了管道安全。

（8）架空管道接地装置是否完好。

（9）各处消防、应急安全通道是否堵塞，检修和新建工程设施是否危及到现有煤气管线及附属设施。

3.3.3.2　煤气管道的定期维护

（1）每4~5年进行一次煤气管道及附属设施的金属表面除锈防腐。

（2）每2年补涂一次管线标识，并测量一次标高。

（3）每年进行一次管道壁厚检测并做好记录。

（4）每年进行一次输气压降检测和主要气源流量计（或孔板）的清理、管道沉积物厚度检测，并做好记录。

（5）每年入冬前，进行冬防措施的落实及泄漏情况检查，并填写记录限期处理。

（6）每年雨季前要对接地装置进行检查、测试。

（7）每季度对管道切断装置转动部位、填料进行一次检查和注油维护。

（8）每年入冬前和解冻后对排水器进行清理、除锈和刷漆，并检查膨胀器及附件。

（9）每年三季度进行一次管道钢支架根部除锈防腐和混凝土支架的修补。

（10）每年入冬前对放散管进行开关实验，排掉阀前积水。

（11）每年春季进行一次管网和操作平台的清扫、整理工作，发现腐蚀和栏杆脱焊等及时处理。

3.4　煤气设备与管道的附属装置

3.4.1　燃烧装置

煤气的燃烧装置，通称煤气烧嘴，又称燃烧器，是将燃料和空气按所要求的浓度、速度、湍流度和混合方式送入一个空间，并使燃料能在该空间内稳定着火与燃烧的装置。燃烧装置是加热炉的心脏部分，它工作的好坏直接影响到能源消耗量的多少。

燃烧装置作为炉子的供热设施，具有以下作用：

（1）组织火焰，使火焰形状、刚度及燃烧性能满足加热炉等的供热和工艺要求；

（2）调整炉压分布；

（3）引导炉气流向，实现（或限制）炉气循环；

（4）强化传热，降低热耗等。

烧嘴作用的发挥，除与烧嘴本身结构有关外，还与烧嘴布置、烧嘴的安装位置、安装角度以及加热炉的结构和形状等有关。煤气与空气的混合速度是决定燃烧速度、温度与火焰性质的主要因素。

3.4.1.1 燃烧装置的分类

工业炉的燃烧器按燃烧形式分为调焰烧嘴、平焰烧嘴、高速烧嘴、自身预热烧嘴、低氧化氮烧嘴和蓄热式烧嘴，正确地使用高效先进燃烧器一般可以节能5%以上。其中应用较广的有平焰烧嘴、高速烧嘴和自身预热烧嘴。平焰烧嘴最适合在加热炉上使用，高速烧嘴适用于各类热处理炉和加热炉，自身预热烧嘴是一种把燃烧器、换热器、排烟装置组合为一体的燃烧装置，适用于加热熔化、热处理等各类工业炉。

根据煤气与空气混合燃烧的机理，可将烧嘴分为扩散式和预混式两类。

（1）扩散式烧嘴（或有焰烧嘴）。煤气与空气预先不混合，而分别进入炉膛，边混合边燃烧，如燃料中有碳氢化合物，可看到明亮火焰，故这种烧嘴也称有焰烧嘴，又可分为长焰烧嘴和短焰烧嘴。扩散燃烧适用于低压、低发热值煤气，如高炉煤气、发生炉煤气。其火焰稳定，但不易产生高温，容易产生不完全燃烧。因其用低压煤气，也称低压烧嘴。

（2）预混式烧嘴（或无焰烧嘴）。煤气与空气预先混合，再进入炉内较快地燃烧，看不到明亮火焰或火焰很短，故这种烧嘴也称无焰烧嘴（无焰燃烧），可形成短而高温的火焰，较适合于高压、高发热值煤气，如焦炉煤气、天然气。因其用高压煤气，也称高压烧嘴。

3.4.1.2 烧嘴燃烧过程特殊状况分析

燃烧首先必须顺利地供给燃气以及与燃气混合的必要的空气，完成这一任务的是烧嘴。为了使燃烧连续地进行，必须排出燃烧所生成的燃烧产物并供给新的空气，还要使将要发生燃烧反应部分的温度维持在着火温度以上。最后，还必须设法做到在燃烧中不脱火（不把火焰吹飞、吹灭或断火），即火焰要稳定。

当混合气体流速比火焰速度慢时，火焰将回到烧嘴中去，发生回火事故；反之，当流速过快时，火焰将远离烧嘴，发生吹灭、吹飞的脱火事故。在一般情况下，回火与脱火的产生受以下因素影响：烧嘴的大小、燃料的种类、燃料与空气的混合比及温度等。扩散燃烧一般没有回火危险，而预混合燃烧，则易有回火危险。至于脱火，主要是操作不当等造成的。例如轧钢加热炉，一般多使用扩散式煤气烧嘴（喷头式或喷管式），其火焰长度随煤气和空气扩散程度的变化而变化，空气速度较小则形成长火焰，煤气速度较小而空气喷出速度大时，则形成短火焰，当两者流速都加大时，将发生吹灭现象。其火焰形态、界限以及吹灭区域，见图3-10。

对于预混合燃烧，一些实践经验证明，使用无焰烧嘴的煤气和空气，其预热温度一般不能太高，煤气不高于400℃，空气不高于600℃，否则易发生回火事故。因其煤气、空气混合较好，燃烧速度较快，若提高温度，燃烧速度大于煤气、空气流速度时，则产生回火现象。一般煤气预热到350℃，空气预热到500 ~ 600℃时，其回火压力约为1 ~ 3kPa（100 ~ 300mmH$_2$O）。

另外，根据燃料种类，选择性能良好的节能型燃烧装置和与之相配套的风机、油泵、阀件以及热工检测与自动控制系统，保证良好的燃烧条件和控制调节功能也是行之有效的

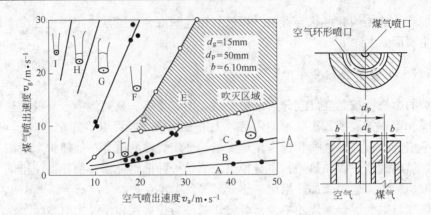

图 3-10　火焰形态、界限以及吹灭区域

节能措施。

　　常规的节能燃烧技术有高温空气燃烧技术、富氧燃烧技术、重油掺水乳化技术、高炉富氧喷粉煤技术、普通炉窑燃料入炉前的磁化处理技术等。这些技术在工业炉上的应用，已取得一定的节能效果。其中应用广泛的有高温空气燃烧技术和富氧燃烧技术。

　　高温空气燃烧技术是 20 世纪 90 年代发展起来的一项燃烧技术。高温空气燃烧技术通过蓄热式烟气回收，可使空气预热温度达烟气温度的 95%，炉温均匀性不超过 ±5℃，其燃烧热效率可高达 80%。该技术具有高效节能、环保、低污染、燃烧稳定性好、燃烧区域大、燃料适应性广、便于燃烧控制、设备投资降低、炉子寿命延长、操作方便等诸多优点。但高温空气燃烧还存在诸如各热工参数间和设计结构间的定量关系，控制系统和调节系统的最优化，燃气质量和蓄热体之间的关系，蓄热体的寿命和蓄热式加热炉的寿命的提高等一些问题，有待进一步去探索。

　　采用氧气浓度高于 21% 的气体参与燃烧的技术，称为富氧燃烧技术。富氧燃烧技术主要是研制适合工业炉窑实用的燃烧器。富氧助燃技术具有减少炉子排烟的热损失、提高火焰温度、延长炉窑寿命、提高炉子产量、缩小设备尺寸、清洁生产、利于二氧化碳（CO_2）和二氧化硫（SO_2）的回收综合利用和封存等优点。但富氧燃烧含氧量的增加导致温度的急剧升高，使 NO_x 增加，这是严重制约富氧燃烧技术进入更多领域的因素之一。另外，在工业炉窑上设计采用富氧空气助燃时，应该避免炉内温度场的不均匀。

3.4.1.3　燃烧装置的安全技术要求

　　(1) 燃烧装置的煤气、空气管道应安装低压报警装置。

　　(2) 空气管道的末端应设有放散管，放散管应引到室外。

　　(3) 当燃烧装置采用强制送风的烧嘴时，煤气支管上应设逆止装置或自动隔断阀，在空气管道上应设泄爆膜。

3.4.2　隔断装置

　　煤气隔断装置是重要的生产装置，也是重要的安全装置。冶金煤气系统常用的隔断装置有闸阀、插板阀、蝶阀、水封、眼镜阀、旋塞阀、快速切断阀、盘形阀和盲板等。

3.4.2.1 隔断装置的设置

一般隔断装置安装的部位如下：

(1) 煤气发生装置与净化装置之间。

(2) 净化系统与主管并网处。

(3) 各种塔器的出入口。

(4) 加压机的出入口。

(5) 车间总管自厂区总管接出处。

(6) 如接点到车间厂房距离超过1500m，或距离虽短而通行或操作不方便时，应在靠近厂房处安装第二个切断装置。

(7) 厂区总管或分区总管经常切断煤气处。

(8) 每个炉子或用户支管引出处。

3.4.2.2 隔断装置的基本要求

对煤气管道用的隔断装置的基本要求是：安全可靠、操作灵活、便于控制、经久耐用、维修方便和避免干扰。

(1) 安全可靠。生产操作中需要关闭时能保证严密不漏气；检修时切断煤气来源，没有漏入停气一侧的可能性。

(2) 操作灵活。煤气切断装置应能快速完成开、关动作，适应生产变化的要求。

(3) 便于控制。能适应现代化生产的集中自动化控制操作。

(4) 经久耐用。配合煤气管道使用的煤气切断装置必须耐磨损、耐腐蚀，保证较长期的使用寿命。

(5) 维修方便。隔断装置的密封、润滑材料和易损件，应能在煤气正常输送中进行检修，日常维护中便于检查，能采取预防或补救措施。

(6) 避免干扰。其开关操作时不妨碍周围环境（如不冒煤气），也不因外来因素干扰（如停水、停电、停蒸汽等）而无法进行操作或使功能失效。

3.4.2.3 可靠切断装置

可靠隔断装置系指安装了此类装置隔断煤气后，装置前的煤气不会漏向装置后的安全装置。这类装置有与密封蝶阀或闸阀并用的眼镜阀、盲板、叶形插板阀等。下面是几种常用的切断装置。

A 叶形插板阀、眼镜阀

叶形插板阀、眼镜阀这两类阀作为盲板替代，可以实现电动远控操作，操作人员远离危险源点，实现有效的人机分离，因操作时大量冒出煤气，两类阀均不能单独使用，一般与蝶阀、闸板阀并用，以减少煤气泄漏。现用的叶形插板阀一般有敞开式横向、竖向及密封预压式。密封预压式插板阀，虽然操作时煤气不会向操作空间内泄出和扩散，但如果不与蝶阀、闸板阀并用，如果操作失误，在阀体动作的瞬间，因煤气流动速度大，易造成阀板密封面的损坏和产生静电引发密封阀腔内混合气体产生危险。常用的切断装置如图3-11所示。

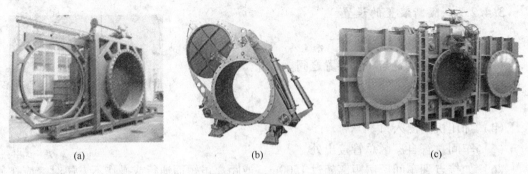

图 3-11　几种常用的切断装置
(a) 敞开式叶形插板阀；(b) 眼镜阀；(c) 密封式插板阀

B　闸阀、蝶阀、球阀

闸阀、蝶阀是使用较为广泛的切断装置。闸阀一般用于净煤气管道中的任何部位；蝶阀重量轻、操作方便、可适用于任何煤气管线，还可与普通蝶阀配合用于流量控制和调节系统。两种阀均因严密性差，不能作为可靠切断装置单独使用，必须与盲板、眼镜阀、插板阀联合使用，才可以成为安全可靠的切断装置。由于闸阀结构笨重，切断可靠性差，在国外已逐渐被球阀和蝶阀所代替。经常操作的大型闸阀、蝶阀，因开关耗时长，应采用电动；明杆闸阀的手轮上、蝶阀的轴头上应标明"开"或"关"的字样和箭头，闸阀的螺杆上应有保护套；闸阀、蝶阀的耐压强度应超过煤气总体试验的要求；安装时，应重新按出厂技术要求进行严密性试验，合格后才能安装。单向流动的密封蝶阀，安装时应注意使煤气的流动方向与阀体上箭头方向一致。

球阀，一般体积小，多用于直径小的管线，虽然球阀严密性较好，但在使用过程中易造成误操作，故也不能作为可靠切断装置独立使用。各种阀门如图 3-12 所示。

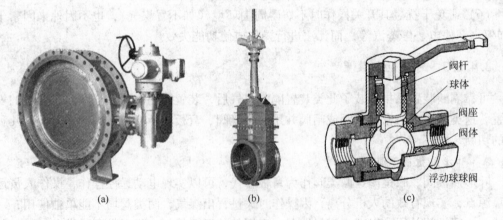

图 3-12　煤气管线常用阀门
(a) 电动蝶阀；(b) 电动闸阀；(c) 球阀

C　水封

水封使用较普遍，因其制作、操作和维护均较简便，投资少，只要在使用过程中确保达到煤气计算压力要求的有效水封高度，即可切断煤气。水封常用于焦炉煤气和净高炉、转炉煤气，以及加热炉和锅炉等用户的煤气管道上，也可用于其他气体如乙炔气（如用作正水封和逆水封）、氢气（如安全水封）等生产和输送过程。

水封的隔断作用是通过水等柔性介质来阻断气源，只有装在其他隔断装置之后并用，才是可靠的隔断装置。水封的有效高度或有效压头应为煤气计算压力加 500mm。水封的给水管上应设 U 形给水水封和逆止阀。煤气管道直径较大的水封，可就地设泵供水，水封应在 5～15min 内灌满。禁止将水封的排水管、溢流管直接插入下水道。水封下部侧壁上应安设清扫孔和放水头。U 形水封两侧应安设放散管、吹刷用的进气头和取样管，如图 3-13 所示。

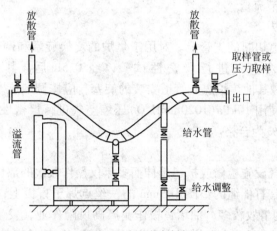

图 3-13　U 形水封阀

在工厂煤气净化回收、使用和输送管网中，水封使用较为普遍，但问题也较多，主要是：必须有可靠的水源，以保证断水时的操作；不能视为可靠的切断装置单独使用，由于水是柔性介质，一旦煤气压力过高，突破水封有效高度，就会造成严重事故；另外，排水阀门一旦泄漏，补水不及时，也会引起水封失效酿成事故；注水和放水需要很长时间，不适应操作变化的需要；寒冷地区使用水封，冬季易出现冻结；煤气阻损较大，不利于输送，不少工厂水封设计结构不合理，易发生故障或不便于维护检查，或者达不到水封有效高度；不少工厂管理不善等等。因此，工厂煤气水封事故也较多，且往往造成煤气着火、爆炸和中毒等重大事故。目前，水封一般逐步被蝶阀和眼镜阀的组合替代。

水封事故案例警示：

案例 1　2010 年 1 月 4 日，某钢铁公司炼钢分厂，正在施工的 2 号转炉与 1 号转炉的煤气管道完成了连接后，由于 U 形水封排水阀门封闭不严，经过约 21h 的持续漏水，U 形水封内水位下降，水位差小于煤气柜柜内压力，失去阻断煤气的作用，使转炉气柜煤气泄漏到 2 号转炉系统中，造成正在 2 号转炉进行砌炉作业的人员中毒。事故造成 21 人死亡、9 人受伤。

案例 2　2011 年 5 月 30 日，某钢铁厂 16.5 万立方米干式高炉煤气储柜，检修完毕带煤气顶升实验后，在撤除入口煤气管线水封时，因操作过程中水封逆流管阀门未确认关闭，导致气柜内煤气经溢流排水管大量泄漏，造成 2 人死亡、1 人重度煤气中毒事故。

D　旋塞

旋塞俗称考克（cock），结构是阀体的中心孔内插入一个有孔而可旋转的锥形栓塞，当栓塞的孔正朝着阀体的进出口时，流体就可通过栓塞。当栓塞转 90°而其孔完全被阀体挡住时，流体就不能通过栓塞，因而可起启闭作用，又可起调节作用。

根据结构可分为对通、三通、四通等旋塞。优点是：

（1）结构简单，启闭迅速；

（2）全开时对流体的阻力小，适用于带有固体颗粒的流体；

（3）当涂覆耐腐蚀材料时，可用于腐蚀性流体。

缺点是：

（1）不能精密调节流量；

（2）转动时较费力。

旋塞一般用于快速切断的支管上。对用于焦炉的交换旋塞和调节旋塞，应使用 20kPa（2040mmH$_2$O）的压缩空气进行严密性试验，经 0.5h 后，其压力降不超过 500Pa（51mmH$_2$O）为合格。其他焦炉煤气管道安装的旋塞，应按调节旋塞和交换旋塞分别对开和关几种不同情况，使用 10kPa（1020mmH$_2$O）压缩空气进行严密性试验，经 0.5h 后，压力降不超始表压的 10% 为合格。

E　盲板

盲板主要用于煤气设施检修或扩建延伸而多年仅操作数次的部位。

盲板是整圆板，其石棉绳的垫圈用 3mm 的铁丝点焊于盲板上，并用铁丝扎紧（其结构见图 3-14）。盲板的事故较多，抽堵盲板作业属高风险作业，发生煤气中毒、着火、爆炸的几率较高。因此，《工业企业煤气安全规程》（GB 6222—2005）编制说明中指出，新设计工程应采用机械操作的插板、眼镜阀等，而不应采用盲板或闸阀后加盲板。目前，工厂使用盲板还较多。对其应有严格的安全管理和要求。根据盲板的受力分析，按完全接受内压（均布荷载）的圆板理论，用周边固定和周边简支两种计算式有一定问题。盲板厚度可按从刚性板过渡到有限刚度板状态来计算。

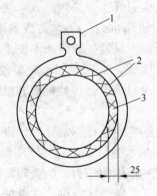

图 3-14　带垫圈的盲板

1—盲板；2—3mm 铁丝；3—石棉绳

$$h = KD \sqrt{\frac{p}{[\sigma]}} + C$$

式中 h——盲板厚度，mm；

$\quad\quad D$——计算直径 mm；

$\quad\quad K$——系数，取 0.5（常压堵板或盖板取 0.45）；

$\quad\quad [\sigma]$——许用应力，A_3 板为 $1800kg/cm^2$（180MPa）；

$\quad\quad C$——安全裕度，一般为 1.5～2mm。

F 快速切断阀

快速切断阀是自动化系统中执行机构的一种，由多弹簧气动薄膜执行机构或浮动式活塞执行机构与调节阀组成，接收调节仪表的信号，控制工艺管道内流体的切断、接通或切换。快速切断阀具有结构简单，反应灵敏，动作可靠等特点，被广泛应用于煤气、天然气及液化石油气等可燃气体的切断，如图 3-15 所示。

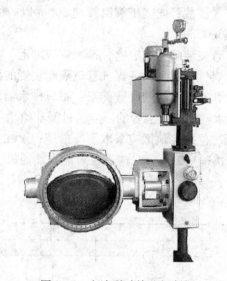

图 3-15 电液联动快速切断阀

其用途如下：

（1）与可燃气体泄漏监测仪器连接，当仪器检测到可燃气体泄漏时，自动快速关闭主供气阀门，切断燃气的供给，及时制止恶性事故的发生。

（2）与热力设备的极限温度压力安全控制器连接，当设备内检测点的温度压力超过设定的极限数值时，自动快速关闭供气阀门，停止燃料的供给。

（3）与高层建筑的中央消防报警系统连接，当大厦发生火警时，自动切断大厦内的燃气供应，防止煤气爆炸的发生。

（4）在城市或工厂的燃气供应管网内设置，可在中央控制室内集中控制，远程遥控快速关闭事故现场的管线供气。

3.4.3 排水器

冶金副产品煤气在生产、净化过程中，因控制运行温度而使用喷淋水降温、净化等，致使煤气中会含有大量的饱和水蒸气，在输送过程中，由于管壁散热使煤气温度逐渐降低，部分饱和水蒸气将被连续析出并凝结成水，并有酚、氰、萘、焦油、尘粒等随水沉降，如不排除，不但会加速煤气管壁的电化学腐蚀，且冷凝液较多时，被煤气流推动，还将产生潮涌，造成煤气压力波动，冷凝液的积聚还会使管道断面减小，增加压力降，在低洼段形成水封使输气停止。更严重的是会造成管道载荷过重或管道振晃而发生坍塌、折断等引发严重事故。另外，焦炉煤气管线中，由于萘的升华，在输送气体过程中，极易产生凝降，萘与油、蒸汽相溶形成稠度较大的胶体黏附于管壁，甚至会堵塞管道。因此，为将煤气管线中冷凝液排除，保证管线正常运行，必须设置冷凝液排出器。

3.4.3.1　排水器的设置安全要求

（1）排水器之间的距离一般为 200～250m，排水器水封的有效高度应为煤气计算压力至少加 500mm。

（2）高压高炉从剩余煤气放散管或减压阀组算起 300m 以内的厂区净煤气总管排水器水封的有效高度，应不小于 3000mm。

（3）煤气管道的排水管宜安装闸阀或旋塞，排水管应加上、下两道阀门。

（4）两条或两条以上的煤气管道及同一煤气管道隔断装置的两侧，严禁共用排水器。

（5）排水器应设有清扫孔和放水的闸阀或旋塞；每只排水器均应设有检查管头；排水器的满流管口应设漏斗；排水器装有给水管的，应通过漏斗给水。

（6）排水器可设在露天，但寒冷地区应采取防冻措施；设在室内的，在下降管上应增设泄漏监测和与监测联锁的快速切断阀，且应有良好的自然通风。

排水器结构见图 3-16。

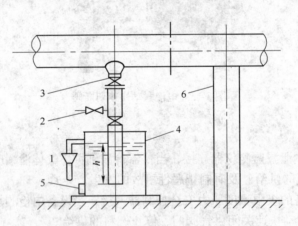

图 3-16　排水器
1—溢流管；2—检查管；3—根部闸阀；4—水封筒；
5—排污管；6—托架；h—水封有效高度

3.4.3.2　排水器的分类

（1）按压力分，排水器可分低压（小于 10kPa，即 1000mmH₂O）、高压（10～30kPa，即 1000～3000mmH₂O）和凝水缸（用于地下管道）三种。煤气排水器的水封有效高度或有效压头小于 10kPa(1000mmH₂O)，可采用单式的单室水封（见图3-16）；水封有效高度或有效压头大于 10kPa（1000mmH$_2$O）的，可采用复式的双室或多室水封。复式水封的原理，以双室为例（见图 3-17）。

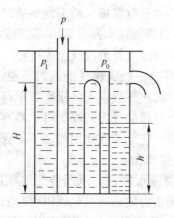

图 3-17 复式水封原理

（2）按形状排水器又可分为卧式和立式两种。

1）卧式排水器。如图 3-18 所示，其缸位低，便于操作和维护检查，但一旦发生超高煤气压力突破水封，会吹出卧式排水器的存水，造成煤气持续外逸，直至重新补水为止，极易发生煤气事故，所以卧式排水器必须在确有卸压保障的煤气管网上使用，一般应在设有煤气柜并有多处自动控制放散装置的工厂使用。

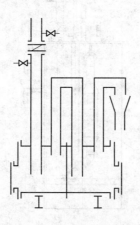

图 3-18 复式卧式排水器

2）立式排水器。其插入的管段和复式水封的隔板若受腐蚀穿孔，造成水封高度降低而冒煤气，难以事先检查和预防处理，但间断地把煤气压力升高突破水封，使插入管内的水被压出并从溢流口排掉，而水位暂时下降且降低不大，一般尚能封住外逸的煤气而保证水封的有效性，如果持续时间较长，使水封不断排水，则同样会造成水封失效而发生煤气事故。

虽然这类事例较为罕见，但也不能掉以轻心。

（3）按结构排水器可分为普通排水器和防泄漏排水器。

1）普通排水器。煤气的输送是在密闭系统中，但排水器的应用，将煤气通过柔性介质和大气环境相通，一旦煤气管网压力波动造成超压，煤气将击穿柔性介质泄漏到大气环境中，引发事故。所以，普通排水器存在很大的引发事故的危险性，如图3-17所示。

2）防泄漏排水器。防泄漏型煤气排水器主要由煤气排水器本体和煤气排水器防止泄漏煤气装置组成。其主要用于架空煤气管道冷凝水的排除。当煤气管网压力波动或其他原因引起的排水器有效水位异常降低，造成煤气泄漏时，通过煤气排水器防止泄漏煤气装置，可有效地遏止煤气的外泄，防止煤气着火、爆炸、中毒等恶性事故的发生。

煤气管线防泄漏排水器是针对目前使用的煤气排水器容易泄漏煤气的重大缺陷，提供的一种防击穿无泄漏煤气排水器，它能够在使用状态下不管发生煤气压力波动还是水封过低（严重缺水），均能实现煤气零泄漏。

防泄漏煤气排水器是由普通排水器和防泄漏装置组成的，利用水封高度克服煤气压力，从而封住煤气，当煤气管网压力波动或其他原因引起的排水器有效水位异常降低，煤气击穿水封，防泄漏装置动作，关闭溢流口，遏止煤气外泄，防止事故发生，如图3-19所示。

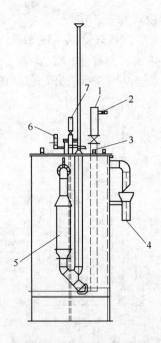

图3-19　防泄漏煤气排水器
1—下降管；2—检查头；3—排气头；4—落水管；5—排水止气阀；
6—电加温接线；7—加水管接头

工作原理：将防击穿无泄漏煤气排水器接入输送煤气的管道中（管道最低处），煤气管道内的冷凝水经排水管进入排水器高压室，然后经过隔板上高低压室的连通管道进入排水器低压室将冷凝水收集并通过水封并自动排出煤气管道中的冷凝水，保证设备的正常运转。当煤气管网压力波动或其他原因引起排水器有效水位异常降低被击穿跑煤气时，在煤气冲击的作用下，触动防泄漏装置，封闭溢流口，阻止煤气向外泄漏，保证设备正常运转。在一般情况下，水封高度大于2000mm时，应采用双室或三室结构，使溢流水口处于2000mm以下，便于观察排水器工作状况。

超压自闭式煤气排水器特点：煤气压力在排水器额定水封压力以内时，排水止气阀全部敞开，阀板不封堵，连续排水；煤气压力超过排水器额定水封压力后，排水止气阀封堵煤气，间歇排水，其排水量不受影响。不论煤气压力多高，排水止气阀均能可靠运行。

煤气管道冷凝液的排放，应考虑到冷凝液所含有害成分的危害。焦炉煤气冷凝液中含有挥发酚、硫化物、氰化物苯等有害物质，高炉煤气冷凝液中含有酚、氰、硫等有害物质，转炉煤气冷凝液中含有硫、铅、铬、镉等有害物质，因此，其排放必须符合国家标准要求。此外，冷凝液中的溶解气体，排放时随压力降低会释放出来，其中一氧化碳、硫化氢、氨、苯、甲苯和酚等，经呼吸道会造成中毒；苯、酚还易经皮肤被人体吸收；二氧化碳、甲烷和乙烯等易滞留在不通风处（如地下井、阀室等），使人窒息；局部还可能达到爆炸范围，有引起着火、爆炸的危险。因此，煤气管道排污区域应视为煤气危险区域来管理，其排放不得与生活下水道相连通，并限制在就地或有限范围内集中处理。

案例：

2005年10月26日，某钢铁公司动力厂燃气车间转炉煤气管线排水器在未将排水器灌满水的情况下即投入运行，在转炉煤气工作压力突然上升后，排水器的水封被冲破，排水器彻底失去封住煤气的能力，导致煤气大量泄漏，造成9人中毒死亡。

3.4.4 放散装置

煤气管线的放散管，是煤气重要的附属装置，它是引送煤气和吹扫置换的出口，决定着煤气作业和煤气事故处理的有效性。

根据作用不同，放散管可分为过剩放散管、吹刷放散管和防止事故发生应急放散管。

3.4.4.1 过剩放散管

过剩放散管也称为调压煤气放散管，应安装在净煤气管道上，并设有自动点火装置和灭火设施；一般与周围建筑物水平净距不小于15m，其管口高度应高出周围建筑物，距地面不小于50mm，山区可适当加高；所放散煤气必须点燃，并配有灭火设施，煤气出口速度应大于火焰传播速度。

放散燃烧点火装置与管网煤气压力联锁，管网压力（模拟量）超标时，放散执行机构启动，放散执行机构的开度是根据母管压力自动调整的，高能点火器打火，火焰检测器检测到火焰后，高能打火器停止打火。当系统恢复正常时装置自动停止，点火装置进入下一个点火程序待令。高炉煤气、转炉煤气等，一般都配有长明火伴烧器。其示意图见图3-20。

3.4.4.2 吹刷放散管

吹刷放散管是煤气设备和煤气管道转换时的吹刷装置，作用是使设备和管道内部或者存放煤气或者存放空气而不存在两者混合的爆炸性气体。在煤气设备和管道的最高处、煤气管道及卧式设备的末端、煤气设备和管道的隔断装置的前面以及管道易积聚煤气而吹不尽的部位，均应安设吹刷用的放散管。管道网隔断装置前后支管闸阀在煤气总管旁0.5m

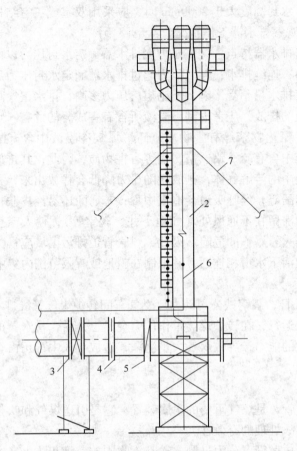

图 3-20　剩余煤气放散装置示意图

1—燃烧器；2—放散管；3—闸阀；4—流量孔板；
5—调节蝶阀；6—灭火蒸汽管；7—挣绳

内，可不设放散管，但超过 0.5m 时，应设放气头。放散管口必须高出煤气管道、设备和走台最顶层作业面 4m，离地面不小于 10m。放散管根部应焊加强筋，上部用挣绳固定。放散管的闸阀前应装设爆炸试验（或点火试验）的取样管。放散管口应采取防雨、防堵塞措施。不同煤气设施、同一条管道可靠切断装置前后的吹刷放散管不能共用。禁止在厂房内或向厂房内放散煤气。图 3-21 为管道末端吹刷放散管。

3.4.4.3　应急自动放散管

应急自动放散管是全自动控制，与管网煤气压力联锁，管网压力（模拟量）超标时，放散执行机构启动，放散执行机构的开度是根据母管压力自动调整的，当系统恢复正常时装置自动停止。

高炉煤气应急操作煤气放散管，就是事故应急放散的一种，主要是为适应高炉安全生产、休风时能迅速地将煤气排入大气而设置的，一般都设在煤气上升管顶端、除尘器的上圆锥体处或洗涤塔顶部，以及切断装置圆筒的顶端等处。其煤气出口速度应大于火焰传播速度，否则将引起回火。当煤气出口速度低于燃烧速度时，可使用蒸汽灭火，停止燃烧。

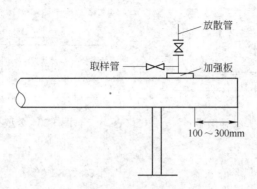

图 3-21 管道末端吹刷放散管

一般地，大、中型高炉放散煤气出口速度为 35～40m/s。热风炉煤气放散阀，设在燃烧阀与切断阀之间的煤气旁通管道中部，当热风炉燃烧阀与切断阀都关闭时，可放散掉两阀之间管道中留存的煤气和两阀关闭时从阀口泄漏出的煤气或热空气，这样可防止热风从燃烧阀阀口窜入煤气管道而造成煤气爆炸事故。

另外，还有煤气柜放散管，其中煤气柜出入口管放散管，是作为与煤气柜活塞高位相联锁的放散管，活塞超过高位，联锁自动放散煤气；煤气柜柜顶放散管也是在煤气柜系统出故障，煤气柜活塞超过高位而撞上柜顶煤气放散管时，放散出大量煤气。

3.4.5 补偿器

煤气和周围环境温度的变化，均会引起管道长度的变化，另外，基础沉陷等也会引起管线位移，使管道产生巨大的应力，这些应力不消除，将会导致管道的损坏和引发事故。为保证管线安全运行，消除管道受输送介质温度变化和环境气温变化影响而发生的线性膨胀或收缩，是保证管线安全运行的基础。此热胀冷缩的数值，称为管道补偿量。如不考虑补偿量，管线受热温度升高200℃时，产生的应力就会超过 A_3 钢极限强度，势必使管道遭到破坏，导致严重破坏事故。

煤气管道的补偿方式，一般有自然补偿和补偿器补偿两大类。

设计建设工厂煤气管道和进行管道布置时，应首先考虑自然补偿，在自然补偿不能满足要求的情况下设置补偿器补偿，并根据确定的线路和跨距来布置管道支架，同时必须进行管道补偿计算。

3.4.5.1 自然补偿

自然补偿也称自然补偿器，如 L 型、Z 型等布置形式。它主要是考虑煤气管道支架的形式，管道可在固定点区段内自由变形，受部分半绞接支架约束，可多采用近似悬壁架或摇摆支架。图 3-22～图 3-25 为几种自然补偿型布置管段，其自然补偿管段采用半绞接支架和连续布置多个摇摆支架，其个数应以合成应力不超过许用弯曲应力为原则。

3.4.5.2 补偿器补偿

在直线架空敷设时，管线就不可能靠自身的位移来补偿膨胀、收缩的位移量，这就需

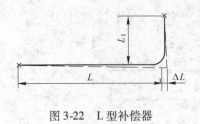

图 3-22　L 型补偿器

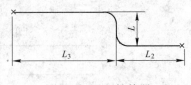

图 3-23　Z 型补偿器

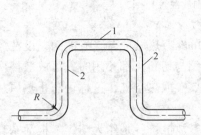

图 3-24　方型补偿器
1—水平臂（平行臂）；2—外伸臂；
R—弯曲半径

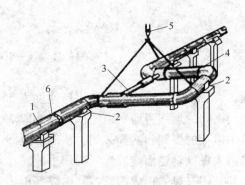

图 3-25　高支架补偿器吊装
1—管道；2—滑动支座；3—千斤顶；
4—补偿器；5—吊钩；6—焊口处

要靠管线自身补偿能力以外的补偿器来实现，否则，当架空管道膨胀或收缩时，将会因膨胀脱离支架托座起拱或向侧面摆出，收缩时将会出现拉裂管道现象，很难维持正常的工作状态，甚至管道及支架遭到破坏发生事故。这就需要采取增设补偿器，消除这些危险有害因素。

常用的补偿器有单波型、多波型（波纹管型）、鼓型、方型、填料型等，现阶段多采用不锈钢波纹管补偿器，如图 3-26 所示。

安装补偿器时应进行冷紧，以便发挥补偿器的作用，减少管道安装补偿器数量。冷紧时调整的数值，应根据安装时大气温度进行调整，其拉伸或压缩数值计算如下：

$$\Delta L_1 = \frac{\Delta L \left[(t_1 - t_2) \times 12 + t \right]}{t_1 - t_2}$$

式中　ΔL——补偿器采用的补偿量，cm；

t——冷紧时的大气温度，℃；

t_1——管壁计算最高温度，℃；

t_2——当地采暖室外计算温度，℃。

补偿器，宜选用耐腐蚀材料制造；应有利于煤气管道的气密性，尽量不增加煤气管道的泄漏点；带填料的补偿器，须有调整填料紧密程度的压环，补偿器内及煤气管道表面应经过加工，厂房内不得使用带填料补偿器；补偿器的能力不得少于计算补偿量的要求；补偿器的导向板必须与管道同心，安装前应认真检查四周间隙并清除杂物等，确保伸缩无阻；补偿器的使用寿命，应能匹配煤气管道使用周期，且维护简便。

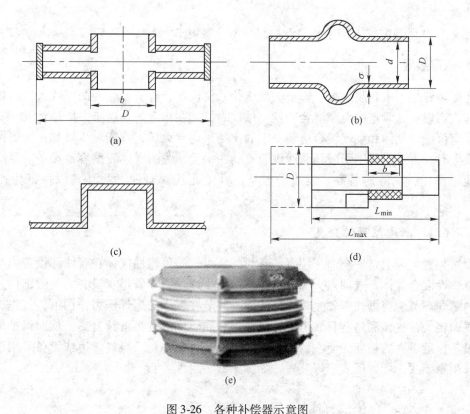

图 3-26　各种补偿器示意图

（a）鼓型；（b）单波型；（c）方型；（d）填料型；（e）多波型（波纹管型）

波纹管补偿器是以波纹管为核心的扰性元件，在管线上可作轴向、横向和角向三个方向的补偿。轴向补偿器为了减少介质的自激现象，在产品内部设有内套管，在很大程度上限制了径向补偿能力，故一般仅用以吸收或补偿管道的轴向位移（如果管系中确需少量的径向位移，也可以吸收轴向、角向和任意三个方向位移的组合）。

3.4.5.3　常用轴向型内压式波纹补偿器的安装和使用要求

（1）在安装补偿器前应先检查其型号、规格及管道配置情况，必须符合设计要求。

（2）对带内套筒的补偿器应注意使内套筒的方向与介质流动方向一致，铰链型补偿器的铰链转动平面应与位移平面一致。

（3）需将管道的热应变一部分集中在冷态，即需要进行"冷紧"的补偿器，预变形所用的辅助构件应在管路安装完毕后方可拆除。

（4）严禁用波纹补偿器变形的方法来调整管道的安装超差，以免影响补偿器的正常功能，降低使用寿命及增加管系、设备、支承构件的载荷。

（5）在安装过程中，不允许焊渣飞溅到波壳表面，不允许波壳受到其他机械损伤。

（6）补偿器所有活动元件不得被外部构件卡死或限制其活动范围，应保证各活动部位的正常动作。

（7）打压试验时，应对装有补偿器管路端部的次固定管架进行加固，使管路不发生移动式转动。

（8）与补偿器波纹管接触的保温材料应不含氯离子。

3.4.6　泄爆装置

泄爆装置是用来封闭设备、管道的泄压孔，使设备、管道不会因漏气或天气而影响正常操作。当设备、管道内可燃混合物发生爆炸时，能在指定的开启压力打开泄压。

任何可燃性气体和空气混合达到一定的比例，遇点火源，均能发生爆炸，为确保爆炸事故发生时，设备设施不受破坏，泄爆装置能在承受压力的气体管路容器设备及系统中起瞬间泄压作用，消除对管路、设备的破坏，杜绝超压爆炸事故发生，以保证生产安全运行。

3.4.6.1　泄爆装置的分类

泄爆装置实际上是安全泄压装置，是为防止煤气等可燃性气体在管线和设备内与空气形成爆炸性混合气体，遇到点火源或高温热源发生爆炸，在管道、设备的关键部位，人为设计的薄弱环节。当爆炸刚发生时，这些薄弱环节在较小的爆炸压力作用下，首先得到破坏，立即将大量气体和热量释放出去，爆炸压力和温度很难再继续升高，从而保护煤气管道或设备免遭更大的损坏，使在场的工作人员免受致命伤亡。煤气管道或设备采用泄爆装置应选用密闭式，如弹压式泄爆装置，如图 3-27 所示。

图 3-27　弹压式泄爆装置

3.4.6.2　泄爆装置的技术要求

泄爆装置是准确实现泄爆的关键。为此，必须满足以下要求：

（1）有准确的开启压力。如果装置实际开启压力的值低于设计值，则会造成误动作，影响生产操作。开启压力实际高于设计值，会使最大泄爆压力增高，包围体就可能遭到破坏。

（2）较小的启动惯性。一般要求泄爆关闭物单位面积质量不超过 $10kg/m^2$。

（3）开启时间尽可能短。

（4）要避开冰雪、杂物覆盖和腐蚀等因素使实际开启压力值增大或缩小。

（5）确保安全泄放，避免泄爆装置碎片和高压喷射火焰对人员和设备造成危害。

（6）要防止泄爆后包围体内产生负压，使包围体受到破坏。

（7）要防止大风流过泄压口时将泄爆盖吸开。

（8）采用泄爆板时，泄爆口应安装安全网，以免发生次生事故，网孔应大一些，以免影响泄爆。

3.4.6.3　弹压式泄爆阀

弹压式泄爆阀具有带法兰盘的阀体短管，通过螺杆和支承环相连，螺杆上具有滑动阀杆，支承环上具有一级或多级阀盖限压限位复位弹簧套筒，它克服了以往泄爆片或重砣式泄爆阀被炸开之后为敞口式的缺点，即造成外界空气能进入煤气设备和管道内，产生二次大爆炸，它具有自动泄爆、自动闭合功能，适合煤气、空气管道的工作环境，结构合理，运行安全、可靠，使用方便，节约资金，适合于现代化工业的需求。

3.4.6.4　泄爆装置的检查和维护

泄爆装置需要定期检查和维护，以保证其处于良好的状态。检查频率和程序如下：

（1）设备安装应在产品生产厂家指导下进行，确认泄爆器件已按厂家说明书和公认惯例安装到位，所有操作机构都正常运行，然后验收。

（2）使用单位应按生产单位产品说明书对泄爆器件进行定期检验。其频率取决于器件所处的环境和使用要求与条件。使用过程或操作者的改变都会引起条件的重大变化，例如腐蚀条件严重性的变化、沉积杂物及碎屑的积聚等等都要求频繁检查。

（3）检查与检修应听从生产厂家的建议。

（4）检查程序与频率应纳入《泄爆装置相关管理条例》中，并包括定期试验的条款。

（5）为了方便检查，泄压器件的通路和视线不应受阻碍。

（6）检查时发现的任何封签的损坏，任何明显的物理缺损或腐蚀以及任何其他缺陷都必须立即修复。

（7）有任何会干扰泄爆器件操作的结构变化或增加的建筑物、设备、设施都应当立即报告。

（8）泄爆器件都应按厂家的推荐进行预防性维修，任何检查到的缺陷都应立即修复。

（9）要注意维修的适当性，往往由于维修不当而使后果更为严重，如刷涂除锈料等而使器件黏住。

4 常见煤气事故及其预防

近年来，随着冶金企业的飞速发展，冶金企业的变化日新月异。新建、改建、扩建工程项目急剧增加，冶金副产煤气不断被回收广泛应用，煤气作为清洁二次能源，输送方便，易于燃烧控制，诸多冶金企业逐步将燃煤、燃油加热炉、锅炉、竖炉、烘干炉、烧结机、退火炉窑、茶水炉等改造成冶金副产煤气型，取得了极好的经济效益和社会效益。同时，由于煤气系统高度网状化，工艺技术滞后，管理不善，职工煤气防护、救护知识贫乏，导致煤气事故频繁发生，给企业和职工带来了不可弥补的损失。煤气的危害还没有引起足够的重视，虽然安监部门已经把煤气作业列入特殊作业，但是，还没有像用电一样形成一个系统的管理体系。由于净化后的煤气无色、无味、易燃、易爆、易中毒，确保冶金副产煤气生产、输配、使用过程的安全，已经成为冶金行业最为关心的问题。随着人们对二次能源的认识，冶金副产煤气回收率正逐步提高，煤气生产使用设备、设施大幅增加，操作岗位涉及煤气的操作人员已经占到企业操作人员的近三分之一，受到煤气事故危害的人数正在不断增多。

4.1 冶金煤气事故的控制

4.1.1 冶金煤气事故控制涉及的内容和要求

冶金煤气事故控制的内容必须从设计、施工、运行、维护等方面全面考虑，它是一个系统工程，涉及方方面面，事故的发生涉及工程项目的论证、设计、安装、使用的整个过程以及各个环节和多个管理部门，设计人员不重视设计安全化，因循守旧，使设备设施先天不足，施工人员不注意施工安全，埋下事故祸根，操作、维护人员不重视操作安全和不落实安全措施，直接引发事故。

煤气设施规划的合理性，设计标准的符合性，设备、材料、施工工艺选用的质量保证性，操作及运行维护水平的高低性，环境变化、人员因素、管理体系的完整性等等，对这些必须做好可靠性、综合性评价和研究。在冶金煤气事故控制方面，应分析影响因素，探讨事故模式，寻找事故发生的规律等，进而对危害进行定量的确认。这就要求我们在控制危害的前提下确定煤气设施危害的分类标准，对现有煤气设施状况的危害性进行评估，判定可能发生煤气事故的几率，确定某些场所及地段煤气事故危害波及的范围及程度，根据评估情况制订有效的安全措施，以便在生产、输配、使用中消除危害或将危害降低到最低最小，同时，对存在较多或影响较大的问题，在技术及材料、设备、工艺上提出根本性的预防整改要求，限期做出处理，并在今后的规划、设计、选材、施工上不断进行改进，真正达到预防事故的目的。

4.1.2　煤气系统危害的阶段性控制

对煤气系统的危害控制，必须做到预防为主。采取多层次、多方位控制，结合煤气系统的具体情况，将其分为规划设计阶段、施工阶段、运行阶段和维护检修阶段。

（1）规划设计阶段。在此阶段，应注重规划的合理性、设计的安全性，煤气设施的设计应做到安全可靠，对于笨重体力劳动及危险作业，应优先采用机械化、自动化措施，并应采用先进技术、工艺，以提高安全可靠运行程度，严格执行国家标准《工业企业煤气安全规程》。尤其是煤气系统中经常检修施工的部位，必须增设可靠的切断煤气来源的设施和具备介质进行置换的条件，为煤气设备、设施等的检修及安全运行创造良好的条件。

（2）施工阶段。在此阶段，要确保施工工艺、工序的合理性，施工操作的规范性，施工设备和施工用材的符合性，使施工质量达到标准。施工必须按设计进行，如有修改应经设计单位书面同意。煤气工程的隐蔽部分，应经煤气使用单位、设计单位、施工管理单位、安全部门共同检查验收合格，签字认可后方能封闭。施工完毕，应由施工单位编制竣工说明书及竣工图，交付使用单位存档。

（3）运行阶段。在此阶段，要制订完善的煤气安全管理制度，定期检查，实行严格管理。要记录煤气设施运行情况，并对煤气设施进行日、月、季、年检查。对从事煤气工作的人员必须进行煤气安全知识教育和煤气安全技术操作培训。

（4）维护检修阶段。在此阶段，实施单位必须制定完备、切实可行的作业方案及严密的安全措施，并认真落实。

4.1.3　煤气系统危害的控制方法

结合煤气系统危害四个阶段控制的具体要求，有效控制煤气的危害，必须做好下述五个层次的控制：

（1）预防性控制。预防性控制的目的是杜绝或减少事故发生。根据"安全第一、预防为主、综合治理"的安全工作方针，必须从本质安全出发，完善煤气安全技术设施，采用技术进步的手段提高安全性，消除管理不到位等人为因素，开展安全技术装置的研究与应用，在煤气系统上优化布置各类安全技术装置，逐步建立起高技术含量的煤气安全防护系统。

（2）维护性控制。维护性控制主要是对系统进行科学的维护管理，对系统进行性能预测，监视系统的运行情况，对系统运行中影响性能的主要因素进行测定，定期对系统进行安全检查，确定系统运行的安全可靠性，对附属安全装置进行定期检定，确保性能良好。重视环境变化对煤气设施的影响，对煤气管道应特别重视防腐蚀管理，定期检查管网的腐蚀情况，加强对材质蜕变情况的研究，对管道的腐蚀程度进行科学评估。为系统的维护管理提供科学决策。

（3）经常性控制。严格按操作规程进行正常的操作运行与维护，防止误操作，按时检测有关运行参数，确保设备不超温、超压。对人员进行经常性培训，包括岗前培训、岗位培训、技术培训、相关知识的培训等，最大限度减少人的失误。

（4）防止事故扩大的预防性控制。使用安全防护装置，尽可能采取自动防护，提高煤气生产、输配、使用过程中的自动化水平，在发生事故时能立即自动切断气源。在控制事故的过程中除采取隔离措施，对泄漏及时进行处理外，可以采取适当保留危害的方法，又称危害保留法。如煤气管线泄漏着火时，暂时又无法切断气源，此时若熄灭火源，泄漏的气体有可能造成新的危害，故有些场合适当保留火源反而有利于安全。

（5）紧急性控制。当发生煤气大量泄漏、爆炸、火灾等可能造成人员严重伤害或环境严重破坏的事故时，需采取紧急性控制。紧急性控制的重要部分是制定紧急预案，它是以承认事故可能发生、估计这种事故的后果为基础来确定紧急措施的，这些措施在进行紧急事故处理时应能得到执行。紧急措施的目标应是将紧急事故局部化，尽量减少事故对人和环境的损害和影响，这就要求操作人员和有关人员根据紧急预案中确定的各自的职责，迅速行动，包括报警联络、疏散人员、设立警戒、按有关措施进行操作等等。紧急措施中所要求的应急人员和应急设备要确保一旦紧急事故发生能迅速集合，设备和防护用具要可靠有效。设立紧急事故应急中心，确保事故现场的统一调度指挥。对紧急预案要进行定期演练，通过演练对预案进行全面审查，修正预案中暴露出的缺陷，对预案不断完善和修改。

通过上述五个层次的控制，实现冶金企业煤气系统科学的管理，降低事故发生的频率和事故的严重程度，减少经济损失，做到以最少的投入，达到最优化的安全。

4.1.4　煤气事故危害的工程技术控制

引发煤气事故的主要原因是煤气泄漏，大量事故案例和煤气系统基层单位的调查分析均表明，有一半以上煤气事故系由煤气泄漏引起的。因此，煤气安全在工程技术方面所面临的重大问题，就是如何解决煤气泄漏。一是从根本上杜绝或防止煤气泄漏；二是在目前还难以避免泄漏煤气的情况下，如何防范、减少和控制煤气泄漏的危险。

（1）采用和推广密封、密闭等先进技术，从根本上杜绝或减少各种煤气设备、设施的泄漏。这应包括设计、设备制造、施工安装、生产和维修等各个环节。煤气安全部门必须实施审查监督的作用，首先把好这一关。从规划、设计和设备制造开始，就应以不泄漏煤气的本质安全化的煤气设备设施为目标，规范和倡导"本质安全化"，这对煤气安全很有针对性。建设施工安装质量（包括改造扩建、大修中修在内），往往是造成煤气泄漏的重要原因之一，从源头开始，严把施工质量，事先加以防范。最后是生产工艺操作及维修，这要考虑在正常生产过程中如何保持生产工艺参数的最佳运行状态、设备设施的完好，如何及时发现和消除隐患，如何正确处理煤气泄漏，从当前工厂实际出发，有针对性地比较现实地防范泄漏煤气。

（2）推广应用煤气自动化、机械化技术，实现有效的人机分离。涉及煤气的人工危险作业，极易造成煤气中毒等事故伤害，应根据条件尽可能采用自动化、机械化设备来取代人工危险作业。在这方面，目前国内具有了一些较为成熟的设备和经验，应予以大力提倡和组织采用及推广。例如煤气自动化取样装置取代人工煤气取样，电动远控型插板、眼镜阀等取代或减少人工抽堵盲板作业。

（3）采用和推广煤气安全监测和监控技术。在煤气危险区域，有条件的工厂应采用一氧化碳区域集中监控技术；在易于泄漏煤气的地点、岗位，应增设固定式或便携式一氧化碳检测仪，进入煤气设备内作业，在可靠切断煤气的前提下，必须检测一氧化碳浓度，其应不高于允许浓度，并加强通风。有的工厂把使用小动物作为一氧化碳监测手段，在缺乏固定式或便携式一氧化碳检测仪，或者限于实际条件的情况下，这也未尝不是一个办法，但必须注意这并不是一种很科学、准确的方法。因为经常在煤气场所使用的鸽子，对一氧化碳耐受力增强后便起不到报警作用，更重要的是在煤气浓度高或大量泄漏煤气的情况下，瞬时间小动物会和人一起中毒，这更是很危险的。此外，一些固定式或便携式一氧化碳检测仪的响应时间有滞后性，如日本或德国的便携式一氧化碳气体监测报警仪，一般可达到 12~20s，国内某些检测仪为 20~50s，甚至更长时间，在大量泄漏煤气或煤气浓度高的情况下，也不能起到在短时间内发生煤气中毒之前报警的作用。

在当前的实际情况下，应突出强调个体防护，在煤气危险区域或经常有煤气泄漏的场所作业，或者进行人工煤气危险作业时，应严格佩戴空气（氧气）呼吸器等保护用具。

4.1.5 煤气事故危害的教育培训

事故分析表明，煤气中毒发生频率较高，重复性和多发性事故多，事故伤亡重大以及处理或抢救过程中容易造成事故扩大化，其重要原因是缺乏煤气安全知识，包括煤气中毒现场抢救和急救的知识。因此，当前煤气安全的一个刻不容缓的重要任务就是要狠抓煤气安全培训。其一是煤气专业人员的专业安全培训，这应当包括煤气生产、净化回收、贮存输送和使用的各个环节直接相关的管理人员、设计人员、设备人员、生产技术人员和其他工程技术人员，煤气防护站人员和其他煤气抢救急救的防护人员，以及煤气工（瓦斯工）、维修工、炉前工等操作工人；其二是煤气生产或使用的工厂的全体职工的培训。国家安全生产监督管理总局令第 30 号《特种作业人员安全技术培训考核管理规定》已经 2010 年 4 月 26 日国家安全生产监督管理总局局长办公会议审议通过，自 2010 年 7 月 1 日起施行。其特种作业目录中已将煤气作业列为特种作业：煤气作业是指冶金、有色企业内从事煤气生产、储存、输送、使用、维护检修的作业。

4.1.6 煤气事故危害的管理控制

宝钢焦化厂 1985 年组织职工赴日本实习时，日方提供了一张事故灾害原因特性要因图（见图 4-1）。

这是他们开展安全工作的重要工具。要因图分析认为产生事故灾害的主要原因是管理缺陷，这来自六个方面：

（1）作业者自身的问题；

（2）作业方法上的问题；

（3）防护设备、保护工具不齐全；

（4）设备本身的缺陷；

（5）作业环境问题；

（6）使用新材料的问题。

这一分析对煤气安全有其针对性和值得借鉴的一面。从国内工厂的实际出发，在一定时期内还难以根本改变某些物质条件，因此，预防煤气中毒事故的重要途径主要还在于强化煤气安全管理，有以下两个方面：

（1）严格执行《工业企业煤气安全规程》（GB 6222—2005）和冶金系统各专业安全规程，其中包括《焦化安全规程》（GB 12710—2008）、《炼铁安全规程》（AQ 2002—2004）、《轧钢安全规程》（AQ 2003—2004）、《炼钢安全规程》（AQ 2001—2004）、《烧结

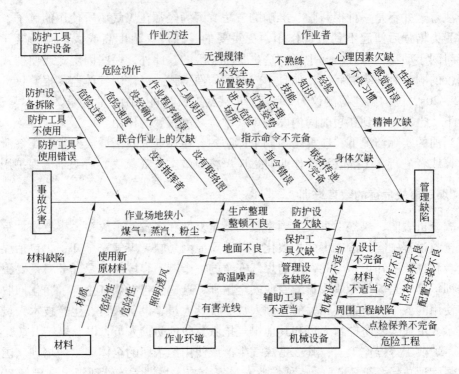

图 4-1　事故灾害原因特性要因图

球团安全规程》（AQ 2025—2010）以及《冶金企业安全生产标准化评定标准（煤气）》等。应制定本企业的实施细则，建立与健全煤气安全管理的各种规章和制度，包括预防煤气中毒事故的有关制度和措施。

（2）全面推行煤气区域三类划分和分类管理的制度和办法。这是鞍钢等煤气安全管理先进单位多年来行之有效的防范煤气中毒事故的好经验。

在煤气区域作业或进入煤气设备内工作时，一氧化碳含量不超过 30mg/m³ 时，可较长时间工作；一氧化碳含量为 50mg/m³ 时，连续作业时间不超过 1h；100mg/m³ 时，连续作业时间不得超过 0.5h；200mg/m³ 时，连续作业时间不得超过 15～20min；在上述条件下反复作业时，两次作业之间须间隔 2h 以上。

在煤气区域作业或巡视，必须两人以上，并将煤气区域和作业按如下三类进行管理：

1）第一类区域。在此区域作业的人员，必须经过煤气安全训练，持有煤气工作证、有监护人员在场，佩戴空气或氧气呼吸器，方准工作；

2）第二类区域。在此区域作业的人员，必须经过煤气安全训练，持有煤气工作证、有监护人员在场，并准备好备用的空气或氧气呼吸器，方准工作；

3）第三类区域。允许工作，但需有人定期巡视检查。

炼铁厂煤气作业划分为如下三类：

1）一类煤气作业。更换探尺，炉身打眼，焊、割冷却壁，疏通上升管，煤气取样，处理炉顶阀门，抽、堵煤气管道盲板及其他带煤气的维修作业。

2）二类煤气作业。炉顶清灰、加油、检查大钟，休风后焊大钟，检修时往炉顶或炉身运送设备及工具，休风时炉喉点火，水封放水，炉身外焊水槽，焊补炉皮，检修上升管和下降管，检修热风炉炉顶及燃烧口，在斜桥上部、出铁场屋顶、行走平台和除尘器上面作业。

3）三类煤气作业。在炉台及热风炉周围、值班室、沟下、卷扬机室、铸铁及其他有煤气处作业。

煤气发生炉煤气危险区域划分为如下三类：

1）甲类危险区。

① 未经吹扫的洗涤塔、隔离水封、电气滤清器等设备空间。

② 停炉后未经吹扫的煤气发生炉内部空间。

③ 未经吹扫的单、双竖管和旋风除尘器内部空间。

④ 经吹扫的煤气管道内部。

⑤ 顶煤气装卸人孔，更换煤气管道法兰盘、接头、衬垫以及带煤气抽、堵盲板，更换放散管等。

⑥ 煤气发生炉煤斗内作业。

2）乙类危险区。

① 在冷却和已经吹扫过的煤气发生炉内部作业。

② 煤气发生炉的炉算下部空间。

③ 打开盖的煤气排送机周围场地。

④ 煤气管道上排水器房间及已关排水门的排水器内部。

⑤ 在运行的煤气管道上或有关设备周围的工作场地。

⑥ 吹扫煤气设备、管道及放散残余煤气或点燃放散火炬时的场地。

⑦ 煤气设备、管道上有微量煤气泄漏时检修作业。

⑧ 煤气设备和管道，经过吹洗后进行焊接。

⑨ 不顶煤气压力抽堵盲板、更换法兰衬垫。

3）丙类危险区。

① 煤气排送机间、输煤走廊和给煤皮带车间、煤气发生炉操作间、调度室、化验室。

② 各使用煤气单位的煤气加热炉、平炉、烘干炉、烤包等空间。

③ 开关煤气阀门的地方。

④ 厂区煤气管道及附件近旁。

轧钢加热炉系统煤气危险区域划分为如表 4-1 所示的三类。

表 4-1 轧钢加热炉系统煤气危险区域的划分表

第 一 类	第 二 类	第 三 类
① 带煤气抽堵盲板、换流量孔板、处理开闭器； ② 煤气设备漏煤气处理； ③ 煤气管道排水口、放水口； ④ 烟道内部	① 烟道、渣道检修； ② 停送煤气处理； ③ 加热炉、罩式炉、辊底式炉煤气开闭口； ④ 开关叶型插板； ⑤ 煤气仪表附近； ⑥ 煤气阀等设备的修理	① 加热炉、罩式炉、辊底式炉炉顶及其周围，加热设备计器室； ② 均热炉看火口、出渣口、渣道洞口； ③ 加热炉、热处理炉烧嘴、煤气阀； ④ 其他煤气设备附近； ⑤ 煤气爆发试验

4.1.7 煤气事故危害的现场检查

安全检查是煤气安全的基础工作，也是事故预防和预测的重要措施。前面章节曾阐述过煤气柜安全检查、煤气发生炉安全检查以及煤气管网的安全检查。如何对煤气系统进行安全检查？许多钢厂在传统安全检查的基础上，应用系统工程原理，采用煤气专业安全检查表，从目前内外安全检查表以检查物的不安全状态为主，延伸和发展到人、机、环、管理全方位检查，从一般安全检查表初步定性的安全分析方法，又延伸发展到半定量的安全评价概念，来衡量安全检查的优劣程度；采用百分制，分为好（90 分以上）、比较好（80 ~ 89 分）、一般（60 ~ 79 分）和差（60 分以下）四个等级；同时，组织专业人员参加检查评定，先由工厂按安全检查表自检上报结果，再由公司一级组织抽检，用随机抽样方式来决定需检查的设备或班组。这改变了传统的安全检查方法，提高了安全检查的质量，在安全检查工作的标准化、规范化、系统化、定量化上又迈进了一大步，收到了较好效果。煤气安全专项检查表见表 4-2。

表 4-2 煤气安全专项检查表

类别	序号	主 要 检 查 内 容	分值
基础管理	1	对新建单位重点查制度建设情况，其他单位查制度完善	
	2	新建、改建、扩建项目煤气安全、技术、检修操作规程是否建立健全	
	3	防护、监测仪器、设备使用、维护、保养记录是否填写认真、齐全	
	4	对本单位上次检查出的制定管理方案和整改计划的煤气重大问题和隐患，目前的整改情况落实	
	5	应急演习相关记录及煤气事故应急预案的实效性，检查修订相关资料	
	6	对煤气监测便携、固定式报警装置相关配套装置的完善情况，检定、检查、维保台账，年检率是否达到 100%	
	7	对煤气危险区域煤气安全技术设施是否建立定期检查制度，台账和检查记录	
	8	煤气使用设施相关作业票执行情况	
人员素质	9	煤气岗位操作人员教育培训台账、应知应会煤气知识授课情况	
	10	煤气操作人员防护、监测仪器使用操作是否规范及培训记录	
	11	煤气事故应急预案培训和演习记录	
	12	煤气操作人员上岗取证情况	
现场管理	13	复查落实上次煤气安全检查中所查问题和隐患整改情况	
	14	有无煤气泄漏	
	15	煤气区域警示标志设置情况	

续表4-2

类别	序号	主 要 检 查 内 容	分值
现场管理	16	煤气设施（包括管道、煤气空气泄爆装置、塔器闸阀、水封、排水器、放散阀等附属设备）设置是否规范，是否安全、可靠运行	
	17	煤气设备、管线腐蚀情况，定期壁厚检测、防腐工作台账和记录	
	18	煤气设施的"冬（夏）防"措施落实是否到位，排水器保温和电控是否符合安全要求	
	19	煤气设施周围是否存放易燃、易爆物品等隐患，必须及时清理	
	20	煤气管道、设备的基础、支架、走梯、平台、护栏、防雷电等设置是否符合标准	
	21	煤气区域安全、消防通道是否畅通	
	22	使用软管连接引导煤气，连接处是否松动老化、是否捆扎牢固	
	23	煤气危险区域、重点岗位必须配备不少于两台的应急用防毒仪器，确保完好备用状态	
	24	煤气区域及值班室内CO监测报警装置、煤气、空气压力声光报警装置、通信设施、防爆及防护设施（仪器、设备）是否处于良好使用状态。完好率要达到100%	
	25	是否存在私自乱接煤气设施现象，如取暖、烧水等	
	26	煤气管线清扫用氮气、蒸汽管线及保温用蒸汽管线与煤气管线是否存在串接隐患	
	27	本单位防毒仪器是否处于良好的备用状态	

4.1.8 煤气事故危害的个体防护

加强对生产环境的一氧化碳浓度监测和警报。工作环境中一氧化碳最高容许浓度不超过 $30mg/m^3$（24ppm）。

在煤气区域工作，须2人以上，并佩带一氧化碳监测报警仪器，要通知煤气管理人员定期作一氧化碳含量分析。一旦发生煤气泄漏，则要站在上风侧监视，严禁任何人进入危险区，同时立即通知有关单位处理。

建立煤气中毒事故的抢救和急救体制，配备必要的防护器具和急救器材，如一氧化碳监测仪、防毒仪器、吸氧设施等，平时要经常检查，确保器具有效。佩带时，必须认真检查，尤其注意不准在煤气危害区摘掉面罩或面具。进入高浓度一氧化碳环境中工作时，一定要戴好防毒面具，并有足够的监护和抢救措施。

4.2　煤气着火事故及其预防控制

4.2.1　煤气着火事故产生的原因

可燃物在空气中达到某一温度以上，便自然地开始着火燃烧，而一旦开始燃烧，即使没有外加热，也由于燃料本身产生的燃烧热而继续燃烧。当可燃性气体和助燃性气体以固定成分组合时，着火温度可认为是恒定值，但实际上它是随燃料种类、特性和周围条件而变化的，也受测定方法和起火滞后时间影响。

起火滞后时间是指可燃性气体和助燃性气体的混合物在高温下从开始暴露到起火的时间。

引起煤气着火事故的原因很多，多数是设备泄漏煤气遇火源引起的燃烧，着火的地点一般在管道和设备的人孔、法兰、放散、阀门等可能泄漏煤气的地方。另外煤气爆炸事故的同时也会引起着火。

其他可能引起着火的原因还有：煤气设备、管网动火时，没有采取必要的安全技术措施，静电、雷击、电器火花以及铁器具碰撞、吸烟、附近生火等遇煤气泄漏着火。

4.2.2　煤气着火事故分析

煤气着火事故与煤气爆炸事故关系密切，爆炸往往引起着火，相反也有很多着火引起爆炸。

据日本报道，化工企业爆炸事故并发火灾的比例约为 2:1，且化工厂的爆炸大多是火灾引起的，火灾成为爆炸的直接原因。此外，着火事故与爆炸事故产生的原因、机理和预防对策也有不少方面是相同的或类同的，而一些有关煤气事故的论述和技术资料，也有将煤气着火、爆炸事故放在一起加以分析的。为避免重复，这里仅对煤气着火事故的一些具体事由作简要阐述。

按照工厂一般习惯，仍采用煤气着火事故术语，对着火事故与火灾未加严格区分。其实，着火事故既包括造成火灾也包括未酿成火灾的事故在内。

据 1960～2006 年全国部分工厂煤气着火重大事故 25 个案例的分析，煤气着火事故的肇事物可总结分类如下：

（1）煤气设备、设施动火作业发生着火事故 8 起，占 32%。

（2）抽堵盲板作业发生着火事故 5 起，占 20%。

（3）煤气管道泄漏煤气发生着火事故 4 起，占 16%。

（4）水封被击穿或被解除发生着火事故 4 起，占 16%。

（5）其他煤气着火事故 4 起，占 16%。

4.2.3　煤气着火事故案例

4.2.3.1　煤气设备、设施动火作业发生着火事故

[例 4-1]

某年 7 月，某燃气车间在 DZ1400mm 焦炉煤气总管上开直径 1m 的孔，需在总管道上

钻 ϕ10.5mm 孔 500 多个，钻孔时往钻头上浇水冷却以防止钻头过热或因摩擦产生火花着火，孔钻透后用硬木堵塞住防止煤气往外泄漏，钻完 300 多个孔后，在钻透一个孔往外抽钻头时突然着火，当时现场又无灭火工具，致引起大火，影响 6 个厂的生产。

其原因是：时值炎热天气，管道表面温度达 60℃ 以上，钻孔时往钻头浇水量小，当钻通孔猛提钻头时产生火花引起着火，而又忽视现场作业中的防火措施。

[例 4-2]

某厂铺设 ϕ1520mm 专用发生炉煤气管道，在焊接管道支架时，电焊火花使附近与此管平行且正在运行的 ϕ1820mm 发生炉煤气管道（压力 18kPa，即 1800mmH$_2$O）漏气处的煤气着火，经多辆消防车喷水冷却灭火、泡沫灭火器灭火，均无法扑灭，且由于着火时间长，管壁烧红，又因煤气熄灭后又复引燃，直至采取用户止火、打开末端放散管放散、煤气加压机停转、压力降至 2kPa(200mmH$_2$O)、通入大量蒸汽、使用黄泥湿草袋、消防车改用干粉灭火等措施，进行彻底处理方将大火扑灭。

4.2.3.2 抽、堵盲板作业发生着火事故

[例 4-3]

某炼铁厂在抽直径 1600mm 的焦炉煤气盲板作业中，使用撬棍作起重工具，引起着火，烧伤 12 人，当场死亡 1 人。其原因是：盲板一面受力，紧贴另一面法兰，起重时，盲板与法兰摩擦撞击，产生火花而引起着火。

[例 4-4]

某焦化厂回收车间管式炉管道闸阀检修，在堵盲板作业中发生着火，烧伤 4 人，其中 1 人死亡。其原因是：抢修闸阀，裸露的中压蒸汽管道表面温度达 285℃，没有做绝热处理，而堵盲板作业中冒出的煤气流速很高，撞击蒸汽管导致着火。

[例 4-5]

某焦化厂在地沟中堵直径 350mm 盲板，为防止煤气涡流，临时安设通风机驱赶煤气，当法兰撑开十几分钟后，突然着火，烧伤 4 人。其原因是：吹风机出口对着地沟墙壁，涡流煤气进入非防爆型风机而引起着火。

[例 4-6]

某煤气防护站抽 ϕ2020mm 焦炉煤气管道盲板时，发生着火事故，烧伤 12 人，其中死亡 1 人。其原因是：管道法兰顶开后，法兰反口，抽盲板时擦出火花而引起着火。

[例 4-7]

某盲板班插 800mm 焦炉煤气盲板，由于盲板位置前无切断装置，在法兰开启后，大量的焦炉煤气外泄，煤气飘逸到下风侧 60m 外正在生产的烧结机区域，突然遇到明火，将插盲板位置引燃，盲板工撤离不及时，造成 2 人烧伤，一人摔伤。

[例 4-8]

某盲板班 2 名作业人员抽民用煤气室内 800mm 管线盲板，因系统确认不到位，未采取降压措施，在抽盲板过程中产生火花着火，2 人被烧伤。

4.2.3.3 煤气管道泄漏煤气发生着火事故

[例 4-9]

某厂 ϕ900mm 焦炉煤气管道的冷凝水下降管上部法兰冻坏、胀裂，大量煤气冒出，而煤气管道下约 3m 处设有住房，室内火炉取暖的烟囱冒火星而引起大火，燃烧 10 多小时，造成烧结厂和 750 轧钢厂停产 10h。

[例 4-10]

某厂 ϕ400mm 焦炉煤气管道一法兰处泄漏煤气引起大火，烧伤 2 人。其原因是：管道法兰处石棉垫受腐蚀脱落，煤气外逸，正遇高炉短时休风，高炉煤气管道内充入蒸汽保压，而煤气管道与蒸汽管道相连接的胶皮管被烤焦燃烧而引起煤气着火。

4.2.3.4 水封被击穿或被解除发生着火事故

[例 4-11]

某厂发生炉高强度气化试验，在稳定空气流量达 60m³/h 后，继续提高流量，突然流量升至 10000m³/h 以上，炉底压力迅速增高，冲破炉内水封，使炉内热煤气倒回至水封面引起着火事故。

[例 4-12]

某炼钢厂新接 ϕ600mm 煤气管道排水器法兰漏水检修，打开排水器底部放空阀门，致使水封水流尽而被解除水封，大量煤气逸出，造成大火。

[例 4-13]

某厂冬季四防开始，供气厂对压缩空气管线电保温线缆打压试验后，通电，造成线缆接头因老化漏电将焦炉煤气管线波纹管膨胀节击穿着火，系统降压通入氮气历时近 2h 才扑灭。

4.2.3.5 其他煤气着火事故

其他煤气着火事故有雷击引起焦化厂放散管着火、煤气发生炉放散管着火，以及煤气净化系统电气滤清器爆炸引起着火等。

4.2.4 煤气着火事故的预防控制

防止煤气着火事故的根本办法，就是杜绝煤气泄漏、破坏或避免煤气着火的两个必要条件同时存在（助燃剂和点火源）。

4.2.4.1 防止起火的措施

防止起火的措施主要是防止泄漏，防止形成爆炸性混合气体（通风或气体置换），消除引火源。

防止煤气泄漏是防止煤气起火的首要手段，其次是消除火源，尤其是在目前工厂煤气泄漏较普遍的情况下，管理好火源尤为重要。一般着火源有明火、表面高温、自然发热、冲击摩擦、绝热压缩、电气火花、静电火花、红外射线等8种，而发生事故较多的是以下三类：

（1）明火。这包括香烟、火柴、打火机等一般明火，加热、干燥等作业明火，取暖、烧饭等火炉生活用火，进行焊接等动火检修的临时用火等等。

（2）电气火花和静电火花。

（3）冲击摩擦。这包括设备机械的冲击摩擦和人工使用铁制工具的撞击摩擦等。

4.2.4.2 煤气着火或火灾的局限化措施

煤气着火或火灾的局限化措施包括：煤气紧急切断装置，通蒸汽、氮气稀释、密封、置换、充压等装置，建筑物防火结构，消防设备等。

当然，一般火灾防止对策对防止煤气着火事故原则上是适用的。通常将工厂火灾的防止对策分为两类：

（1）灾前对策。

预防对策——防止起火：危险物质的管理；起火源的管理。

不燃对策——防止燃烧：防火结构、耐火结构、不燃材料等；埋设地下容器等。

（2）灾后对策。

局限对策——防止灾性扩大；空地、距离、壁障等；防油堤、隔墙等；可燃性气体检测、警报等。

灾火对策——消防：火灾警报；灭火设备、灭火器、消防用水等。

避难对策——躲避危险：引导标志、引导灯等；避难器具、避难设备、避难区域等。

4.2.4.3 煤气着火事故的预防

对工厂煤气着火事故的预防和煤气着火事故的处理，主要有如下具体技术措施：

（1）保证煤气设备及管道的严密性，经常检查，发现煤气泄漏及时处理。

（2）严格执行煤气设备和煤气区域动火作业的管理制度，要事先办理动火手续和动火证，要有防火消火措施，并经安全部门检查确认，按规定的监护要求、规定的时间和指定的地点动火。

（3）煤气区域及煤气作业区，要有严格的火源管理制度，煤气设备附近或煤气作业区域内禁止一切火源。

（4）煤气设备、管道要有良好接地装置，电气设备要有完好的绝缘及接地装置。对接地线要定期检查测试。

（5）带煤气作业要防火花出现，尤其是焦炉煤气、天然气作业。带煤气工作时，必须使用铜制工具，钢质工具上要涂黄甘油，防止工作时与设备碰撞产生火花。

（6）盲板作业中，盲板应涂黄甘油，一切吊具均应有防止摩擦产生火花的措施。

（7）带煤气作业地点附近的裸露高温管道，应做绝热处理。

（8）煤气设备及管道附近不准堆放易燃易爆物品。

（9）在停产的煤气设备上动火，必须做到：可靠地切断煤气来源，并认真处理干净残留煤气；检查设备和管道内气体是否合格；将设备内可燃物质清扫干净，或通入蒸汽或氮气，动火中始终不能中断蒸汽或氮气。

（10）煤气设备、管道的下列部位较易造成泄漏，应经常检查：阀芯、法兰、膨胀器、焊缝口、计量导管、铸铁管接头、排水槽、煤气柜与活塞间、风机轴头、蝶阀轴头等。

4.2.4.4　着火事故的控制

煤气着火可分为煤气管道附近着火、小泄漏着火、煤气设备大泄漏着火。煤气设施着火时，处理正确，能迅速灭火；若处理错误，则可能造成爆炸事故。处理煤气泄漏及着火的程序：一降压；二灭火；三堵漏。

（1）由于管网、设备不严密而轻微小漏引起着火，可用湿泥、湿麻袋等堵住着火处灭火，火熄灭后，再补漏检修。

（2）直径小于100mm的管道着火时，可直接关闭阀门，切断煤气灭火。

（3）直径大于100mm的煤气管道或设备着火（火势较大时），应停止该管道有关用户使用煤气，采取渐关煤气来源阀门降压并通入大量的蒸汽或氮气灭火。有条件的话，最好降压时在现场安装临时压力表，使压力逐渐下降（不能低于100Pa），切记不能突然把煤气闸阀关死，以防回火爆炸。

（4）煤气管道、设备烧红时，不得用水骤然冷却，以防管道和设备急剧收缩造成变形和断裂。

（5）煤气管网、设备附近着火，导致煤气管网、设备温度升高但还未引起煤气着火和管网、设备烧坏时，可正常供气生产，但必须采取措施将火源隔开并及时熄灭，当煤气管网、设备温度不高时，可用水冷却。

（6）煤气管网、设备内的沉积物如萘、焦油等着火时，应通入蒸汽、氮气或消防喷水灭火。

（7）在通风不良的场所，煤气压力降低以前不要灭火，否则，灭火后煤气仍大量泄漏，会形成爆炸性混合气体，遇烧红的设备或火花，引起爆炸。在灭火过程中，煤气阀门、压力表、灭火用的蒸汽或氮气吹扫点等应指派专人操作和看管。

（8）在灭火过程中，尤其是火焰熄灭后，要防止煤气中毒，扑救人员应配置煤气检测报警仪和防毒面具。

（9）灭火后，要立即对煤气泄漏部位进行处理，对现场易燃物进行清理，防止复燃。

（10）火警解除后恢复通气前，应仔细检查，确保管道、设备完好并进行置换操作后才允许通气。

4.3　煤气爆炸事故及其预防控制

4.3.1　煤气爆炸事故产生的原因

煤气爆炸是煤气的瞬时燃烧并产生高温、高压的冲击波，从而造成强大破坏力。

一般发生煤气爆炸事故的原因有：

（1）煤气来源中断，管道内压力降低，造成空气吸入，使空气与煤气混合物达到爆炸范围，遇火产生爆炸。

（2）煤气设备检修时，煤气未吹赶干净，又未做化验，急于动火造成爆炸。

（3）堵在设备上的盲板，由于年久腐蚀造成泄漏，动火前又未做试验，造成爆炸。

（4）窑炉等设备正压点火。

（5）强制供风的炉窑，如鼓风机突然停电或者煤气压力突然回零，造成煤气倒流或助燃风倒灌入煤气管道，也会发生爆炸。

（6）焦炉煤气管道、设备虽然已吹扫，并检验合格，如果停留时间长，设备内的积存物受热挥发，特别是萘升华气体与空气混合达到爆炸范围，遇火同样发生爆炸。

（7）烧嘴不严，煤气泄漏炉内，点火前未对炉膛进行检测和通风处理。

（8）在停送煤气时，未按规章办事，或者停煤气时，没有把煤气可靠切断，又没有检查就动火。

（9）煤气设备（管道）引送煤气后，未做爆发试验或含氧量分析，急于点火。

（10）工业炉送煤气点火时，先送煤气后点火的错误操作，造成爆炸。

（11）工业炉点火作业时，第一次点火未着，接着进行第二次点火，造成爆炸。其原因是第一次点火失败，煤气已进入炉内形成爆炸性混合气体，第二次点火前，既不处理煤气，又不等一段时间让炉内气体从烟道放散出去，而进行点火，引起爆炸。

（12）煤气设备残余煤气处理不彻底，未经检测试验确认，就盲目动火，造成爆炸事故。

（13）焦炉煤气、天然气和混合煤气设备动火过程中，蒸汽源断绝，造成爆炸。

（14）煤气设备，应断开而没有可靠断开，只靠闸阀切断煤气，造成爆炸事故。

（15）长时间放置的煤气设备，不经再次处理混合气体，也不经测定，就盲目动火，造成爆炸事故。

（16）煤气泄漏处理方法不当，造成爆炸事故。

4.3.2 煤气爆炸事故分析

对以往的全国工厂煤气爆炸重大事故 42 个案例进行分析，结果表明：重大生产设备事故 24 起，占 57%；重大伤亡事故 18 起，占 43%。

在煤气爆炸事故中，重大生产设备事故占大部分，这表明煤气爆炸事故往往会造成重大设备损坏和工厂停产或部分停产等重大生产损失。

煤气爆炸事故发生的部位，主要是煤气生产、净化和输送系统，三者合计占 81%；其次是用热设备（加热炉、锅炉、烘干炉等），占 14.28%。其中：

（1）生产设备系统发生事故 12 起，占 28.57%。

（2）净化回收系统发生事故 11 起，占 26.19%。

（3）用热设备发生事故 6 起，占 14.28%。

（4）管道发生事故 11 起，占 26.19%。

（5）辅助设施发生事故 2 起，占 4.68%。

煤气爆炸事故导致人身伤害 84 人。其中：

（1）死亡 12 人，占 14.28%。

（2）重伤 37 人，占 44.05%。

（3）轻伤 35 人，占 41.67%。

从肇事物来分析，属于不做可靠切断、水封和吹扫问题带来的煤气泄漏、残存煤气，约占 54.8%；动火、点火煤气作业，约占 33.3%；煤气、空气倒流 9.6%，安全装置 2.3%（见表 4-3）。

表 4-3　全国工厂煤气爆炸重大事故 42 个案例分析表

事故原因类别	事故件数	所占比例/%
阀门不严密	7	16.6
水　封	5	11.9
吹扫有缺陷	11	26.3
动　火	9	21.5
点　火	5	11.8
煤气、空气倒流	4	9.6
安全装置	1	2.3
合　计	42	100

在煤气生产、净化回收、贮存、输送和使用过程中，因煤气类别不同，情况各异，发生煤气爆炸事故也各有其特点。从近年来煤气事故分析看，事故的发生出现向煤气使用设施转化发展，煤气使用设备爆炸事故明显增加。生产、净化过程煤气中毒事故占据多数。

4.3.3　煤气爆炸事故案例

4.3.3.1　高炉系统煤气爆炸

高炉系统煤气爆炸事故主要发生在高炉休风、送风、开炉和停炉作业。

（1）高炉在检修期间或换风口等作业，采取倒流休风，由于处理或操作不当而引起煤气爆炸。

［例 4-14］

某厂 7 号高炉倒流休风换风口，休风 0.5h 后，八号高炉也同时开始休风倒流抽换风口，10min 后发生强烈爆炸，烟囱炸毁 15m，死 1 人，重伤 1 人，主要原因是：通过热风炉倒流休风，错误地采取两个高炉同时倒流休风的做法，事先未向热风炉燃烧室送入过量空气便倒流休风等，致使煤气未能完全燃烧，大量未及在热风内燃烧的煤气流入烟道，形成爆炸性混合物，遇到煤气带入火星或稍后倒流休风的炉顶高温，引起爆炸。

［例 4-15］

某厂高炉休风 5min 后进行倒流，由于除尘器切断阀不严，在倒流休风过程中未保持系统设备的正压，致使除尘器旋风口处进入空气形成爆炸性混合气体，遇到除尘器高达 690℃ 的积灰而发生爆炸。

（2）高炉送风，因存在爆炸性混合气体或处理不当而引起爆炸。

[例4-16]

某厂高炉短时休风后复风，由于煤气净化系统没处理煤气就通入蒸汽充压，洗涤塔前法兰盘因变形而大量冒煤气，而休风后蒸汽充压不足，大量空气侵入，当复风时，干式除尘器切断阀不严，火星随煤气流入而引起联锁性大爆炸，炸坏除尘器栅栏板和50余米煤气管道。

[例4-17]

某厂3号高炉短时间休风送煤气，当干式除尘器煤气切断阀打开一两分钟时，即连续在50m放散处和灰泥捕集器顶部发生两次爆炸，主要是由于高炉煤气阀门不严，焦炉及发生炉煤气倒流到50m处重新自燃点火，而干式除尘器及高压洗涤塔残余空气没吹扫干净，在送煤气时形成爆炸性混合气体，引起爆炸。

（3）高炉停炉和开炉处理不当引起爆炸。

[例4-18]

某厂高炉中修停炉时发生煤气大爆炸，将高炉炉体上半部抛起2m多高，炸毁掉1/4，炸毁炉顶平台、过桥、布料器小房和冷却水环管，喷出15t多的焦炭和砖块，造成死亡3人、重伤1人、轻伤2人的重大伤亡事故。

[例4-19]

某厂大型高炉进行设备定检，高炉按长期休风程序进行，驱逐煤气和炉顶点火，由于炉顶火焰位置高，加之两个ϕ600mm人孔只打开一个，供风量小，不能完全燃烧和相对稳定，就可能使炉顶火焰熄灭，残余煤气量大，更换布料器电焊动火时便引起炉口煤气爆炸，从800mm放散阀、大小料钟开口处和人孔处，喷出火焰，当场烧伤4人。

高炉新建或大修后投产或开炉发生煤气爆炸的事例，国外有报道，我国某新建高炉，在投产前试压和热风炉烘炉过程中发生大爆炸，炸毁两座热风炉和60多米高的烟囱。

据对全国高炉重大生产设备100起事故的分析，在高炉六大类重大生产设备事故中，煤气爆炸事故居第2位，按顺序分析是：风、渣口烧穿喷溅爆炸及炉前事故为24%，煤气爆炸事故为22%，炉缸冻结事故为19%，高炉结瘤事故为14%，炉缸、炉底烧穿事故为9%，顽固悬料、恶性管道行程事故7%，其他为5%。

4.3.3.2 转炉系统煤气爆炸

（1）转炉煤气窜入料仓发生爆炸事故。

[例4-20]

某转炉炼钢厂发生5次混合料仓转炉煤气爆炸事故，其原因是没打开氮稀释阀门，转炉煤气窜入料仓与空气混合形成爆炸性气体，遇到由下料溜槽窜来的火星引起爆炸。

（2）烟道爆炸。

[例4-21]

某转炉炼钢厂发生2次汽化冷却烟道爆炸事故，整个烟道被炸掀起，其原因是：转炉吹炼期提起氧枪时，转炉未倾斜，炉内一氧化碳和炉口周围空气进入烟道，由炉内带出来的火星引起爆炸。

（3）转炉除尘设备爆炸。

[例 4-22]

2004 年 4 月 12 日，某厂转炉煤气净化系统电除尘器爆炸，其原因是：净化系统检修后盲板抽出未进行置换，阀门不严致使煤气进入除尘器，工人误送电，除尘器电火花引起爆炸。

[例 4-23]

某厂转炉烟气净化系统的袋式除尘器爆炸，炸坏上盖，4 人受伤，其原因是：净化系统窜入空气，静电火花引起爆炸。

[例 4-24]

某厂转炉煤气净化系统溢流文氏管发生过 3 次煤气爆炸，其原因是：转炉喷溅，红渣喷入文氏管，残留火种，而烟道吹氧管切断阀不严，氧气漏入烟道，且有空气漏入烟道，以及碳氧反应缓慢时的高枪位操作等使烟道中自由氧增高。

[例 4-25]

某厂转炉丝网除雾器发生爆炸而损坏，其原因是：除雾器不严密，吸入空气，加上转炉喷溅吸入火星。

[例 4-26]

某厂转炉煤气净化系统平旋器发生 2 次爆炸事故，其原因是：平旋器卸灰口漏气进了空气和转炉出来的红渣引起爆炸。

（4）转炉净化系统风机爆炸。

[例 4-27]

某厂转炉煤气净化系统风机爆炸，爆炸气体由风机出口烟道泄外，严重损坏风机，其原因是：净化系统不严密，漏入空气，与一氧化碳混合形成爆炸性气体，风机内因检修留有金属屑，高速运转产生火花，引起爆炸。

（5）转炉煤气柜爆炸。

[例 4-28]

某转炉炼钢厂煤气柜爆炸，其原因是未设煤气自动分析仪和联锁装置，管理混乱，煤气中含氧量超过 2%，转炉烘包作业没有规定煤气使用压力制度，煤气压力过低，造成回火引起爆炸。

4.3.3.3　焦化系统煤气爆炸

焦化系统煤气事故（指煤气中毒、煤气爆炸和煤气着火三大煤气事故）中，煤气爆炸事故最为突出、严重。据全国部分焦化厂（包括冶金、非冶金和城市所属焦化厂在内）150 起重大生产设备事故和重大伤亡事故分析，煤气事故为 22 起，其中煤气爆炸事故 16 起，占煤气事故的 72.72%。而高炉煤气、转炉煤气和发生炉煤气的煤气事故主要是煤气中毒事故。这是因为焦炉煤气含一氧化碳只有 6% 左右，而高炉、转炉、铁合金炉和发生炉煤气含一氧化碳高达 20% ~80%；焦炉煤气爆炸下限比较低（约 4.7%），而高炉、转炉、铁合金炉和发生炉煤气爆炸下限均在 10% 以上。

焦化系统煤气爆炸事故造成人员伤亡的情况较严重，16起煤气爆炸重大事故中，发生人员伤亡的为11起，占68.75%，煤气爆炸伤亡程度也比较大，11起煤气爆炸伤亡事故，共计伤亡67人，平均每起伤亡6人，其中死亡13人，重伤27人。

煤气爆炸事故主要发生在煤气净化回收系统，占56.25%；而炼焦系统煤气爆炸事故主要发生在焦炉地下室和管路等附属设施（见表4-4）。

表4-4 焦炉煤气爆炸事故分布情况

类　别	炼焦工序	净化回收系统	备煤系统	管网系统	其　他
事故起数	4	9	1	1	1
所占比例/%	25	56.25	6.25	6.25	6.25

就肇事原因和煤气作业来分析，煤气爆炸事故主要发生在检修动火、抽堵盲板和停煤气作业，共计10起，占62.50%；其次是点火作业，计4起，占25%（见表4-5）。

表4-5 焦炉煤气爆炸事故肇事原因和作业情况

类　别	检 修 作 业				点火	生产不正常和设备缺陷
	动火作业	抽堵盲板	停煤气	小计		
事故起数	6	3	1	10	4	2
所占比例/%	37.5	18.75	6.25	62.5	25	12.5

焦化系统煤气爆炸事故类型如下：

（1）动火作业中煤气爆炸。

［例4-29］

某焦化厂回收车间3号饱和器检修，前后闸阀都未堵盲板，饱和器检修后，不顾其他作业完成情况，就将人孔封上，当时硫铵至饱和器之间约150mm回流管正在动火，结果引起饱和器爆炸，死亡3人。其原因是：只靠阀门切断煤气而不堵盲板，使饱和器内漏进煤气形成爆炸性气体，又缺乏统一指挥，过早封人孔，因动火而引起爆炸。

［例4-30］

某焦化厂饱和器的循环泵管道进行补焊，事先用蒸汽吹扫，但未办动火证和检查确认，也没有采取周密安全措施，动火时引起饱和器内焦炉煤气爆炸。

［例4-31］

某焦化厂2号脱硫干箱施工进行电焊作业时发生爆炸，死亡6人，重伤1人，轻伤1人，其原因是：1号脱硫箱在严密性试验不合格的情况下，被迫通煤气，煤气从箱间隔板及相连的闸阀、法兰等处窜入2号脱硫箱，而2号脱硫箱施工盖动火未办理动火证，也未采取安全措施，电焊接地线搭在箱体上发生电火花引起爆炸。

［例4-32］

某焦化厂鼓风机检修，未可靠切断煤气，发生爆炸事故，造成该公司生产区域冷凝鼓风机室两层高的车间瞬间崩塌。

（2）抽、堵盲板煤气爆炸。

[例 4-33]

某焦化厂抽煤气管道盲板时因顶开法兰的时间过长，逸散出来的煤气遇焦炉蓄热室测压孔的火源爆炸，又引起煤气管道着火，造成重伤 11 人，轻伤 3 人。

[例 4-34]

某焦化厂抽卸 9 号焦炉的焦炉煤气、高炉煤气的混合煤气管道盲板，事先未确认管道上的开闭器是否关闭，当法兰胀开后，发现开闭器是处在半开状态，煤气大量外泄，窜到焦炉炉台时遇红焦引起爆炸，重伤 6 人，轻伤 1 人。

[例 4-35]

某钢铁厂煤焦化公司 5 号炉焦炉地下室煤气管道堵盲板作业时，发生一起煤气燃爆事故，造成 1 死、1 重伤、4 轻伤，大火 5h 扑灭。

（3）点火作业中煤气爆炸。

[例 4-36]

某焦化厂焦油蒸馏釜点火生产时，先开煤气，使炉膛内已形成爆炸性混合气体，然后将钳子夹住火种点火引起爆炸，重伤 1 人，轻伤 1 人。

[例 4-37]

某焦化厂沥青氧化釜点火生产，用蒸汽吹扫炉膛后，用油布点燃当火种，打开煤气管点火，因煤气管内有水未点着，再次点火时发生爆炸，砸伤 3 人。其原因是第一次点火未燃时，煤气管未关，也未再用蒸汽吹扫，造成先有煤气后点火，引起爆炸。

[例 4-38]

2011 年 7 月 4 日，某钢铁厂动力 2 号锅炉在点炉过程中，因点火棒阀门坏，修阀门重新点火时操作不当造成爆炸，1 人重伤，2 人轻伤。

（4）停煤气检修煤气爆炸。

[例 4-39]

某焦化厂回收车间电捕焦油器，停煤气检修时发生爆炸。其原因是：没有堵盲板，煤气阀门漏煤气，底部人孔盖打开后进空气形成爆炸性气体，而电捕焦油器内有硫化铁，绝缘箱内的温度达 80 ~ 85℃，在这一条件下硫化铁遇空气自燃而引起爆炸。

4.3.3.4　发生炉煤气系统爆炸

煤气发生炉系统煤气爆炸事故多见于停炉、点炉、运行不正常和故障的处理，以及出现停电、停水事故的处理过程中，主要有如下几类：

（1）因停气吹扫，空气窜回发生炉引起爆炸。

[例 4-40]

某厂煤气站 5 台煤气发生炉生产，因周末全站停气，按停气要求用空气将整个煤气系统进行吹扫，当空气通过冷备用炉进入煤气系统后，在 8 号炉出口发生爆炸。其原因是：停气后，8 号炉竖管水封排渣阀不严，加之给水量小，双重水封自行解除，空气通过竖管双重水封，经发生炉出口进入炉内，与煤气混合形成爆炸性气体，由炉内火源点燃引起爆炸。

（2）负压发生炉爆炸。

［例 4-41］

某厂检修处理鼓风机线路着火，误操作将运行中的 1 号、4 号空气鼓风机同时关闭，发生炉工发现煤气发生炉煤气负压严重，按全停电处理后，发生爆炸。其原因是：误操作，造成严重负压，将切断水封抽干进入空气。

（3）用火烧钟罩阀引起炉内爆炸。

［例 4-42］

某厂煤气站 18 号发生炉处于热备用状态，安排启动生产，拉炉出钟罩阀时，因其下部堵塞煤气放散不出，故停止鼓风，将炉出钟罩阀落下，用火烧其下部堵塞处，经烧通后，再次拉开炉出钟罩阀时，发生强烈爆炸，以后又连续发生三次爆炸。其原因是：启动鼓风时，炉内煤层薄，温度低，致使发生炉和竖管积存煤气中含有较高氧气形成爆炸性气体，而炉出钟罩阀下部燃烧处理后仍有余火引起爆炸。

（4）炉子以外系统煤气爆炸。发生炉以外系统包括加煤系统、出灰系统等。

［例 4-43］

某厂 1 号发生炉生产时，给料滚筒卡住不转，改为热备用炉，抽出滚筒检查，发生强烈爆炸。其原因是，最大阀没落，从滚筒下煤口间抽进空气，因刚备炉煤气量大，故爆炸力较强。

4.3.3.5 净化系统煤气爆炸

（1）停气后未经吹扫动火引起净化系统爆炸。

［例 4-44］

某煤气站停煤气检修，在停煤气 10h 后，焊割 1 号切断水封溢流水管，引起连续爆炸。其原因是：停气时因蒸汽不足，所有煤气设备、管道未用蒸汽吹扫，主要设备上放散阀未打开，人孔也未卸开，致使设备、管道内存有大量煤气，而动火前未经联系和测定，致引起爆炸。

（2）停电未处理好引起空气系统爆炸。

［例 4-45］

某厂煤气站 5 台煤气发生炉生产，启动 1 号低压排送机（工作压力 8kPa，即 800mmH$_2$O），由于电流负荷过大，供电总开关跳闸，造成全煤气站停电，当即按紧急事故处理，复电后，刚启动空气鼓风机，即发生强烈爆炸，造成 1 人受伤，全站停供煤气 23.5h。其原因是：排送机、鼓风机双停后，4 号、8 号发生炉未进行紧急事故处理，空气阀门未完全关闭，炉底高压蒸汽、炉内钟罩阀未及时打开；干式逆止阀失效，使煤气倒流入炉底和整个空气管道，形成爆炸性气体；风机启动前未进行吹扫，启动后爆炸性气体向前移动，遇炉内火源，沿空气管道逆向发生爆炸。

（3）净化系统抽空造成爆炸。

[例 4-46]

某厂中央变电所故障造成煤气站全站停电，来电后启动空气鼓风机，在发生炉煤气尚未送入净煤气总管时，即启动煤气排送机造成净化系统抽空，由切断水封吸入空气，造成 8 号发生炉打炮和 2 号、4 号电捕焦油器防爆阀爆裂。

[例 4-47]

某厂空气鼓风机因失电跳闸，由于联锁失灵，此时煤气排送机未停车，造成净化系统抽空，由切断水封吸入空气，发生爆炸。

4.3.3.6　加热炉等燃气工业炉煤气爆炸

使用煤气的工业炉窑种类较多，例如加热炉、热处理炉、焙烧炉、干燥炉、熔炼炉和锅炉等。以工厂常用的加热炉和锅炉为例，其煤气爆炸事故主要发生在开炉、停炉、停送煤气、点火以及出现不正常运行或故障和事故的处理过程中。

（1）加热炉煤气爆炸。

[例 4-48]

某厂加热炉点炉，用点燃包装纸作火种在煤气嘴点火，然后又开大煤气阀，关上炉门，结果发生爆炸，点火工当场死亡。其原因是：煤气嘴点火时煤气阀已开，因未点着，又将火源放在炉内，开大煤气阀，同时关闭炉门，造成了爆炸条件。

[例 4-49]

某厂轧钢车间加热炉检修后送焦炉煤气发生爆炸，烧伤 7 人，整座加热炉炸毁，损失 20 余万元。其原因是：盲目指挥，管理混乱，送煤气前没有对煤气设备及附属设备检查和验收，焦炉煤气送来后，炉前四个 $\phi100mm$ 的烧嘴旋塞全部未关，炉前分配管上的电动阀门也关闭不到位，致使大量煤气流入炉膛。

[例 4-50]

某轧板厂 2 号加热炉检修，炉内止火后，全关煤气支管 $\phi1000mm$ 闸阀，打开放散管放散残余煤气，但没有通蒸汽，又未及时堵盲板，结果造成爆炸。其原因是：停炉后炉子温度较高而未通蒸汽就打开放散管，未及时联系堵盲板，堵盲板前管道内又未能通蒸汽保持正压。

[例 4-51]

2001 年 5 月 1 日，某钢铁厂小型加热炉改造，因煤气管线未吹扫干净，装仪表动火时，造成煤气管线爆炸，人孔被炸开。

[例 4-52]

2003 年 7 月 22 日，某钢铁厂中厚板 3 号加热炉因煤气换向阀开关不到位造成煤气串漏导致引风机爆炸，地下废气管道炸裂，厂房窗子部分震坏，两台风机全部报废。

[例 4-53]

2004 年 10 月 5 日，某钢铁厂镀锌退火炉烟道爆炸，原因是由于操作，误认废气排烟风机已运行，就打开了有故障煤气烧嘴所在的还原退火炉加热段的煤气，由于此时废气管道已有煤气进入，未作进一步确认就进行送电点火，引起排烟管道的燃爆。

[例 4-54]

2006 年 1 月 6 日，某钢铁厂小型轧钢厂加热炉检修烘炉，由于烘炉阀门内漏，煤气串入排烟风道，点火时发生爆炸。

[例 4-55]

2009 年 11 月 3 日，某钢铁厂中轧加热炉在点火时，因烧嘴阀门检修后未关闭，送煤气点火造成炉膛爆炸，加热炉炉头和炉尾顶部坍塌。

（2）锅炉煤气爆炸。

[例 4-56]

某厂 75t/h 锅炉大修后投产时，进行煤气点火，引起锅炉内部煤气大爆炸，死亡 2 人，轻伤 2 人，设备严重损坏。其原因是：锅炉大修完毕后工人将煤气蝶阀指示器开关方向安装错误，造成大量煤气流入炉内，而操作工又缺乏煤气安全知识，用火把点燃，立即引起强烈爆炸。

[例 4-57]

某厂 7 号蒸汽锅炉点火烘炉时发生煤气爆炸，造成 1 人死亡，5 人轻伤的重大事故。其原因是：点火前，炉膛北侧 3 个煤气喷嘴阀门有 2 个开着，未按规定进行检查并关闭，当打开煤气主阀门后，煤气大量进入炉膛，又未按规定开吸风机，致使炉膛内煤气与空气混合形成爆炸性气体，点火棒刚插入点火孔就发生爆炸。

[例 4-58]

2004 年 9 月，某厂在建高炉煤气综合利用发电项目燃气锅炉进行单体设备负荷调试。在点火时该锅炉突然发生煤气爆炸，造成该在建项目锅炉、管道、烟囱等设备的损坏和垮塌，24 日凌晨 1 时 30 分，搜救工作结束。事故造成 13 人死亡（其中本公司工人 3 名，其余为项目施工单位人员），8 人受伤。

[例 4-59]

2010 年 7 月，某单位锅炉检修完毕，中班实施点炉作业，由于点炉时煤气阀门出故障未能点着，操作工修理阀门后，在未对炉膛检测和吹扫再点炉时发生爆炸，三名操作人员受伤，锅炉报废。

4.3.3.7 煤气管道及附件系统煤气爆炸

煤气管网系统煤气爆炸事故，主要发生在煤气管道及附件的动火检修、抽堵盲板以及其他检修作业。

[例 4-60]

某厂 φ2420mm 高压混合煤气管道的水槽，因长期带病运行，没有给水管，经常窜煤气，故将阀门关闭，而新水槽尚未换上，管道由于负荷过重而断塌，当时为上午 9 时，直到下午才堵盲板，打开管道最高点的一个人孔进行自然通风才 10min，即发生大爆炸，造成 2 人死亡，几十人受重伤，多人致残，同时还炸毁多处房屋和设施，引起大火，造成轧钢厂、机修总厂等厂停产。其原因是：管道腐蚀、施工质量差和基础下沉，以及水槽问题等严重隐患未及时处理，发生管道断塌后，又因缺乏煤气安全知识，盲目指挥，现场混乱，以致酿成大祸。

[例 4-61]

1978 年 10 月，某厂在净化煤气管道上动火焊接，上午动火前试验，已发现管道内有煤气，下午又试验 2 次，仍然着火，就将管道上的手动阀门和电动阀关上，管道上的 3 个直径 100mm 放散管全部打开，经 15min，即认为煤气处理干净，就在第 5 次动火时发生爆炸，直接损失 7 万余元。其原因是：缺乏煤气安全基本常识，停止煤气运行的管道与运行管道之间，只靠阀门切断而不堵盲板；试验发现着火，明知有煤气，又不认真处理煤气，放散管打开后，管道内吸进空气，形成爆炸性混合气体。

[例 4-62]

某锻压厂厂房内煤气管道爆炸，炸毁管道及闸阀，影响生产 3 天。其原因是：缺乏煤气安全知识，在停用煤气后管道内残余煤气未处理干净的情况下，安排工人在管道上动火检修。

[例 4-63]

2008 年 3 月 26 号 17 时 30 分左右，某热轧厂加热炉煤气管网压力急剧降低，在不到 1min 的时间里煤气压力突然从 10000Pa 降至 2800Pa，由于煤气压力突然降低，导致助燃风通过烧嘴窜入煤气管道产生回火爆炸，致使煤气换热器发生爆裂。

4.3.4　煤气爆炸事故预防和控制

煤气发生爆炸除了煤气与空气混合必须达到一定浓度（爆炸极限范围）外，还必须是在有限的空间或容器内以及具备激发能源。因此，杜绝这些条件同时出现，即可防止爆炸事故。

4.3.4.1　煤气爆炸事故的预防措施

煤气爆炸事故，必须贯彻"防患于未然"的预防方针，即物质本身不能引起爆炸的本质安全化的技术方针或事前措施。但由于种种原因，完全做到这一点是困难的，所以还需同时采取一种即使产生爆炸，也不能使人或设备受到损害的事后措施。目前比较适宜和实用的方法是将煤气爆炸的预防和煤气爆炸的防护合理地结合起来。

煤气爆炸危险性的预先评估是煤气爆炸事故预防的关键所在。它包括从工厂规划、方案、设计、建设、试运转和投产以及生产管理的各个阶段的调查、分析和评价，是煤气爆炸事故预防、确定和实施预防措施的基础工作。目前，国内多数工厂正在广泛开展工厂危险源的辨识，分析、划分和管理，以及部分工厂应用系统工程的原理和方法正在开展工厂、设备、装置或系统的安全评价工作。其中，有的采取定性的方法，例如在安全检查表基础上的评分，开展危险预知活动（KYT），结合国际电工委员会（IEC）和国外通行的爆炸危险区域分级方法来进行爆炸场所危险等级的划分等；有的采取半定量和定量方法，例如等级系数法、风险评价法、道氏火灾爆炸危险指数法，道氏、蒙德火灾爆炸毒性指数评价法，以及日本劳动省六阶段综合评价法等。

对煤气爆炸预防较为重要的是煤气爆炸危险源和危险区域的辨识、判断、分级以及相应地采取预防措施和强化管理。无论是按过去办法分为 Q_1、Q_2 和 Q_3 三级爆炸危险场所或者按现在的办法分为 0 区、1 区和 2 区三级爆炸危险区域，其实质是相同的。

（1）防止泄漏。如前所述，必须对泄漏源或排出源进行调查和控制，包括泄漏或排出源的地点、种类、排出量、排出物成分和时间等；还应包括设备因异常情况或故障停止运转，以及停送煤气等、设备中残存物或泄漏的危险性预测和控制。

（2）发火源的管理。禁止发火源存在或很好地控制发火源，是预防爆炸的实际而有效的手段。

（3）采用防爆装置和防爆系统。这包括气体密封装置、气体置换及防爆系统、爆炸抑制装置、火焰检测装置以及使事故或灾害局部化的安全装置和控制系统等。其中，使事故或灾害局部化的系统应包括：泄压装置（如安全阀、安全板、分流或旁通阀、泄压阀、排气阀、爆炸缓冲装置等），紧急切断装置和防止逆流装置，报警装置，紧急操作装置（如紧急切断电源、紧急混配入惰性气体或抑制反应剂等），安全检测仪器仪表及控制系统，防护设施（如防火墙、隔墙、防爆墙等）和撤离措施（如通信、标志、紧急通道和指挥中心）等等。

4.3.4.2 煤气爆炸事故的灾害控制

为了防止煤气爆炸事故，最理想的是从根本上消除产生煤气爆炸的条件，但因工厂目前实际条件及其复杂性，很难完全保证不出现爆炸性混合气体及爆炸性混合气体与发火源同时存在，因此进行必要的防护，在一旦发生爆炸时防止事态的扩大，防止或减少人员伤亡、设备设施损坏，或者将其控制在最小限度范围内也是必不可少的。

从煤气爆炸后果产生的过程来看，如果将爆炸热、空气冲击波、飞散物作为直接损失的一次灾害，那么，由爆炸结果带来火灾、爆炸噪声、闪光等使人员摔倒、坠落，及因建筑物倒塌造成死伤、飞散物击坏设备而引起可燃物泄漏，进一步酿成火灾、爆炸，以及在撤离或消防工作中造成的伤亡等，可以列为二次灾害。而防止这些灾害所采取的措施，因爆炸特性和周围环境条件不同而异，必须按不同情况拟定或选择适当的防护措施。

（1）防止爆炸时的火焰传播和压力上升的局部化控制。例如采用耐压设计，使设计制作的设备设施内部能承受爆炸压力或过压的坚固装置，将爆炸破坏限制在装置内部；采用安全阀、破裂板、爆炸泄压孔等释放与减压；用火焰防止器、爆轰抑制器等阻止火焰的传播；对爆炸实行初期抑制，如采用爆炸抑制装置、异常反应抑制系统等；用隔离阀、遮断阀等将设备装置之间遮断。

（2）防止爆炸破坏范围扩大。这主要是考虑可能发生预料不到的最危险的爆炸事态扩大下的防护措施，同时，也考虑防止爆炸引起火灾或在装有可燃物的装置周围引起火灾的防护。其防护措施应考虑到：建厂地点条件；总图平面布置；危险作业、危险设备、危险生产系统无人管理与操作；防护墙（防爆墙），如将有爆炸危险的某些装置围起来，对必须防止冲击波或飞散物的重要设备及操作人员，也要用防护墙围起来，要考虑泄漏到防护墙内侧的可燃物能与空气形成爆炸性混合物而存在二次爆炸的危险，所以还应设置通风系统，泄放系统，减少可燃物存放量和对有爆炸危险的某些装置周围防止可燃物的泄出、滞留或减少原料、半成品、成品的堆积量，以及确定紧急时的措施等等。

4.3.4.3 预防煤气爆炸事故的安全使用技术措施

为预防煤气爆炸，应在以下几方面采取措施：

（1）点火作业。工业炉点火作业前，应关严烧嘴开闭器，打开炉门和烟道闸门，确保炉膛内形成负压，将炉内残留气体吹扫干净；应先点火后给煤气；稍开煤气，待点着后，再将煤气调整到适当位置。

如果第一次点火熄灭，应立即关闭烧嘴阀门，对炉膛内仍需重新作负压处理，待炉内残余气体吹扫干净，再点火送煤气。

点火作业时，应将炉前放散管关闭，烟道闸板稍开，并在煤气正压而且压力稳定的情况下由末端烧嘴开始点火。

（2）停送煤气。送煤气前，对煤气设备及管道内的空气，应用蒸汽或氮气吹扫干净，然后用煤气赶蒸汽或氮气，并逐段做爆发试验合格后，认真检查有无火源、有无静电放电的可能，然后再按上述程序进行。

停煤气处理残余煤气后需要动火检修的煤气设备，必须经防爆测定仪测定或取样做含氧量分析合格后，方可动火。长时间放置的煤气设备动火，必须重新处理残余气体并经再次检测鉴定合格。

停产的煤气设备，必须及时处理残余煤气，直到合格。

（3）动火作业。在运行中的煤气设备或管道上动火，应保持煤气的正常压力，只准用电焊，不准用气焊，并应有防护人员监护，凡通蒸汽动火，作业中始终不准断汽。

（4）日常管理。煤气用户应装有煤气低压报警器和煤气低压自动切断装置，以防回火爆炸。

生产与非生产的煤气设备必须可靠断开，凡煤气设备切断煤气来源时，都不应只用闸阀代替，必须堵盲板。

强制通风的炉子，风管道及煤气管道上必须有与压力联锁的自动切断装置，风管道上应装有泄爆装置。

多单位、多工种、多部位煤气作业，必须有统一指挥。

（5）应急处置。发生煤气爆炸事故，立即切断煤气来源，并迅速把煤气处理干净，对出事地点应严加警戒，禁止人员通行；在爆炸地点 40m 以内禁止火源，以防着火事故，在查明爆炸原因并按规定处理或检修好以前，不准送煤气。

4.3.4.4 预防煤气爆炸事故的具体措施实施

（1）对煤气爆炸危险源和危险区域进行辨识、判断、分级、并采取相应预防措施。

（2）在容易泄漏煤气的场所，应禁止一切火种进入，并设置自动监测报警器，对自动报警器还要定期校验。

（3）各类设备及电器照明应为防爆型。

（4）设置防爆膜与防爆阀，相关的建筑物应有符合规定的泄爆面积。

（5）在煤气生产、输配、使用过程中消除煤气爆炸条件，即防止助燃剂（空气或氧气）与煤气混合达到爆炸极限范围内；煤气区域内禁止火源（明火、电火花、达到煤气燃点以上的高温等）；消除煤气、空气等混合性气体生存的有限空间。

（6）煤气管网、设备在动火时，必须吹扫置换彻底，经监测合格方可动火，严禁未经允许盲目试焊和动火作业。

（7）长时间放置不用的煤气管网、设备，没有处理残留煤气前和未经监测，严禁进行动火、检修作业。

（8）在送煤气操作中必须做爆发试验或含氧量分析，严禁冒险点火。

（9）强制送风的炉窑，必须设有煤气低压声光报警和煤气低压自动切断装置，以防回火、串漏造成爆炸事故。

（10）停送煤气时，严禁下风侧存有明火。

4.4　煤气中毒事故及其预防控制

4.4.1　常见煤气中毒事故产生的原因

工业上炼钢、炼焦、炼铁、烧窑等生产过程中，炉门或窑门关闭不严，煤气管道漏气，汽车排出尾气，都可逸出大量的一氧化碳。矿井打眼放炮产生的炮烟及煤矿瓦斯爆炸时均有大量一氧化碳产生。化学工业合成氨、甲醇、丙醇等都要接触一氧化碳。零散中毒病例，多系北方冬季用煤炉、火炕取暖因方法不当而发生。也有城市居民因煤气管道泄漏而致中毒。当空气中 CO 浓度达 0.4% 时，人在很短时间内就会失去知觉，若抢救不及时就会中毒死亡。

某钢铁公司将煤气中毒事故的发生原因概括为如下 10 种：

（1）新建、改建或大修后的煤气设备，未经主管部门检查验收及试压，就急于投产。

（2）煤气设备漏煤气没有发现。

（3）带煤气作业，不戴防毒面具。

（4）进入煤气设备内作业，没有可靠切断煤气来源。

（5）用煤气取暖造成煤气中毒事故。

（6）煤气使用设施产生大量废气，造成中毒事故。

（7）生活设施与煤气设备相通造成煤气中毒事故。

（8）在煤气设备附近盖房设休息室造成煤气中毒事故。

（9）在煤气设备附近逗留，或者在煤气作业时，由于闲人误入作业区域造成煤气中毒事故。

（10）由于煤气设备的设计失误，造成煤气中毒事故。

造成煤气中毒事故的这些原因，有操作方面的，也有管理方面的，但是，最本质的原因或者说最主要原因是作业环境煤气泄漏严重，作业场所一氧化碳浓度超标几倍、几十倍甚至几百倍。例如，某些大型高炉新建或大修后投产，几乎所有阀门无一不泄漏煤气。像这样严重的情况也不乏其例。某钢铁公司 1983 年调查统计，煤气管道泄漏点平均每 100m 有 11.4 处，煤气总泄漏率为 0.2%。某大型炼铁厂作业环境 10 年测定的平均值，铁口、渣口、热风仪表室等多处空气中一氧化碳浓度均超过 $160mg/m^3$，其中渣口 $1715mg/m^3$，其波动范围最高为 $6250mg/m^3$；热风炉区为 $422.3mg/m^3$，最高达 $28750mg/m^3$；煤气除尘净化系统为 $15mg/m^3$，最高达 $15000mg/m^3$。

据近年来全国冶金系统统计，冶金系统接触一氧化碳的作业点约 1000 个，作业点空气中一氧化碳浓度测定平均为 104.95mg/m³；浓度合格率平均为 54.53%，浓度最高为 2250mg/m³。

另外，北方地区冬季取暖，每年都有诸多煤气中毒死亡案例，多数原因如下：

（1）在密闭居室中使用煤炉取暖、做饭，由于通风不良，供氧不充分，可产生大量一氧化碳积蓄在室内。

（2）门窗紧闭，又无通风措施，未安装或不正确安装风斗。

（3）疏忽大意，思想麻痹，致使煤气大量溢出。

（4）烟囱安装不合理，筒口正对风口，使煤气倒流。

（5）气候条件不好，如遇刮风、下雪、阴天、气压低，煤气难以流通和排出。

（6）城区居民使用管道煤气，一般一氧化碳含量为 10%。如果管道漏气、开关不紧，或烧煮中火焰被扑灭后，煤气大量溢出，可造成中毒。

（7）使用燃气热水器，通风不良，洗浴时间过长。

（8）冬季在车库内发动汽车或开动车内空调后在车内睡眠，都可能引起煤气中毒。因为汽车尾气中含一氧化碳 4% ~ 8%，一台 15kW 的汽车发动机 1min 内可产生 28L 一氧化碳。

（9）其他如矿井下爆破产生的炮烟，化肥厂使用煤气为原料，冶金行业副产煤气的应用，设备故障、管道漏气等均可造成煤气中毒。

4.4.2　煤气中毒对人身体的伤害和表现

4.4.2.1　一氧化碳浓度对人体的影响

一氧化碳中毒者血液中碳氧血红蛋白（HbCO）浓度与对应的人体危害程度见表 4-6。

表 4-6　血中碳氧血红蛋白（HbCO）浓度对人体的危害程度

碳氧血红蛋白（HbCO）/%	中 毒 症 状
0 ~ 10	无症状
10 ~ 20	轻度头疼、皮肤血管扩张
20 ~ 30	严重头疼
30 ~ 40	剧烈头疼，无力晕眩，恶心，呕吐，虚脱
40 ~ 50	上述症状加重
50 ~ 60	昏迷中有惊厥
60 ~ 70	呼吸、脉搏减弱，常发生死亡
70 ~ 80	呼吸、脉搏微弱，进而呼吸衰竭死亡
>80	立即死亡

目前工厂煤气检测较多采用百万分率（ppm），其对应的体积分数（%）和绝对浓度（mg/m³）以及对人体危害程度见表 4-7。

表4-7　体积分数和绝对浓度以及对人体危害程度

空气中 CO 浓度			时　间	人体反应
%	ppm	mg/m³		
0.01	100	125	数小时后	有轻微症状感觉
0.04	400	500	1h 后	呼吸障碍，感到呼吸困难
0.07	700	875	1h 后	有头重感觉
0.10	1000	1250	0.5 ~ 1h	头　疼
0.15	1500	1875	0.5 ~ 1h	危　险
0.20	2000	2500	20 ~ 40min	危　险
0.30	3000	3750	10 ~ 30min	危　险
0.50	5000	6250	5 ~ 10min	致　死
1.00	10000	12500	1 ~ 2min	致　死

4.4.2.2　煤气中毒的伤害及常见症状

　　一氧化碳急性中毒，是指含一氧化碳浓度高，在较短时间内吸入过量一氧化碳而表现的中毒症状，一氧化碳比较容易引起后遗症，主要是由于一氧化碳是一种血液窒息性毒物，可明显抑制血液的携氧及供氧功能，血管内皮细胞也易受到损伤之故。一氧化碳各种病理损伤，皆因原发于血管的病变所致。它所引起的脑、心、肝、肾、肺及其他组织的继发性营养不良性损伤及该种损伤的修复，均需要一定时间，因此虽然有的后遗症可很快出现，但大多数后遗症多在中毒后 1 ~ 12 周出现，且可持续较长时间，从数月到数年，严重的器质性损伤则使后遗症持续终生。最常见的是中枢神经系统及心血管系统之后遗症状，主要见于严重急性中毒、昏迷时间较长且有较严重的合并症的病人；体弱多病者、原有血管硬化者、老人及妇女等尤其容易发生。

　　常见的症状有：

　　（1）严重的神经官能症。

　　（2）颅神经障碍。

　　（3）智力障碍或"痴呆"，甚至失去料理生活能力。

　　（4）中毒性精神病，如精神分裂症、狂躁症等。

　　（5）瘫痪。

　　（6）锥体外系症状。

　　（7）植物性神经障碍。

　　（8）心血管疾患。

　　（9）其他，如肝、脾、肾和胃肠等疾患，但比较少见。

4.4.3　煤气中毒事故的统计分析

　　2002 ~ 2008 年，工业企业煤气事故发生 35 起，其中冶金企业煤气事故 24 起，占总数的 68.6%，死亡 113 人，占总数的 74.4%，平均每起事故死亡 4.7 人。

　　冶金系统职业中毒以一氧化碳中毒最为严重。据冶金系统近年来的职业中毒人数统计，接触一氧化碳的人数已经占到冶金系统总人数的 30% 左右，而其中毒人数，按急性中毒、慢性中毒和中毒死亡分别为：一氧化碳急性中毒人数占冶金系统急性中毒人数的 91.2%，慢性中毒人数占 16.28%；一氧化碳当年中毒死亡人数占冶金系统职业中毒当年死亡人数的 95%，一氧化碳中毒死亡历年累计人数占冶金系统职业中毒死亡历年累计人数的 85.9%。

我国工伤事故统计体制规定，急性中毒属工伤事故，慢性中毒不属工伤事故。冶金系统煤气中毒（指急性中毒，下同）事故分布，主要集中在炼铁厂和燃气厂。炼焦厂煤气中毒事故约占炼铁系统工伤事故 10%，但其煤气中毒伤亡绝对人数却占钢铁厂煤气中毒伤亡人数的 50% 左右；燃气厂煤气中毒事故占燃气厂工伤事故的 25% 以上。

近年来，随着转炉煤气回收利用的工厂日益增多，转炉炼钢厂煤气中毒事故急剧上升。如某转炉炼钢厂在全国率先回收利用转炉煤气，由于转炉煤气一氧化碳含量高达 60%（比高炉煤气高一倍多），煤气中毒事故急增，其煤气中毒死亡事故占全厂工伤死亡事故的 11.4%，比一般钢铁厂的平均水平要高一倍多。

据部分钢铁厂所属炼铁厂 7031 个案例统计分析，煤气中毒事故占炼铁厂工伤事故的 11%；煤气中毒死亡与非死亡的，比例为 1∶71，比炼铁厂工伤事故死亡与非死亡人数比例的平均水平 1∶99 约高 40%；而煤气中毒死亡、重伤两者与轻伤的比例高达 1∶20，比炼铁厂工伤事故死亡、重伤两者与轻伤比例的平均水平（1∶41）高一倍多。其中尤其值得注意的是，煤气中毒重伤人员中终身残废人数约占 42%。

根据某钢铁厂煤气中毒事故分析（见表 4-8），1969～1983 年共发生 192 人次。

表 4-8　某钢铁厂煤气中毒事故分析

发生中毒的岗位或地点	人次	比例/%
测量大钟漏斗间隙，焊补大钟，切割砣套以及换探尺	19	9.9
扒火井砖，处理护基板，处理燃烧阀、煤气调节阀	20	10.4
炉顶取样，处理炉顶设备事故，清灰	19	9.9
处理热风管道、补焊煤气管道	8	4.2
热风炉换炉抽盲板，更换热风	27	14.1
换渣口，做泥套	29	15.1
处理均压阀管道和加压阀组	5	2.6
检查炉身水头，焊炉皮及冷却板	14	7.1
休风过程中中毒	4	2.0
开炉口	7	3.5
换风口	12	6.2
换铁口	5	2.6
热风仪表室、计量室	3	1.5
浴池、发电机室、交换台、卷扬机室、煤气管附近	20	10.4
合　计	192	100

（1）煤气中毒事故主要发生在渣口、铁口、风口作业，占 27.4%，炉顶作业占 19.8%，处理管道、阀门等占 17.2%，热风炉煤气作业占 14.1%，以上四类共占 78.5%。

（2）煤气中毒者工种主要是维修工、炉前工和瓦斯工，共占 91%，其中以维修工最为严重，不仅占该厂煤气中毒人员一半以上，而且伤亡严重程度也较高。1957 年以来，该厂煤气中毒死亡人员中，维修工占 66%，一氧化碳中毒后遗症人员中，维修工占 71%。

（3）煤气中毒的原因，主要是违章、作业环境浓度高、设备原因和泄漏煤气，共占 93%，见表 4-9。

表 4-9 煤气中毒事故原因分析

类　别	违章	环境浓度高	设备原因	泄漏煤气	生产生活混用	管理
比例/%	50.5	18.5	12.5	11.1	3.5	3.0

4.4.4 煤气中毒事故案例

煤气中毒事故的特点是事故的重复性和多发性，发生重大伤亡事故的频率及严重程度高，特别是在处理和抢救煤气中毒事故过程中往往造成事故扩大化，引起更为重大的伤害事故。下面列举一些较典型的事故案例。

1953 年 3 月，某钢铁厂新建高炉抢投产，炉顶压力波动大，又无放散装置，致使洗涤塔的排水器冒煤气，造成管理人员中毒，抢救中事故扩大，又发生多人中毒，结果造成 11 人死亡，20 人中毒。

1960 年，某工厂煤气站南半部系统生产，北半部检修，洗涤塔出口阀门未加堵板，而阀门又关闭不严，煤气倒流窜入，造成煤气中毒死亡 4 人，严重中毒住院 9 人。

1971 年 11 月，某钢铁厂因未设过剩煤气放散管，由洗涤塔顶放散管放散过剩煤气，又无点火设施，时值阴天气压低，造成厂区附近住宅区居民 500 人中毒。

1975 年 5 月，某炼铁厂热风炉燃烧器手孔没封闭，大量冒煤气，使炉前工、信号室操作工等多人中毒，抢救中救护人员和医生也发生中毒，共中毒 23 人，其中 12 人住院治疗。

1980 年 11 月，某炼铁厂高炉洗涤塔私设浴室，因高炉煤气压力升高击穿排水器水封，使煤气窜入，造成煤气中毒，死亡 2 人，3 人致残。

1982 年 8 月，某厂副工长检查除尘器设备，煤气中毒昏倒，抢救中事故扩大，共中毒 32 人，其中死亡 2 人，重度中毒 8 人，中度中毒 8 人，轻度中毒 14 人。

1984 年 1 月，某锰矿冶炼厂清扫锅炉煤气管道积灰，没用蒸汽吹扫，也未测定，即进入管道内作业，造成煤气中毒事故，死亡 2 人，中毒 4 人。

1985 年 1 月，某钢铁厂高炉大修后开炉点火前，炉长检查料线时，煤气中毒昏倒，抢救中事故扩大，造成死亡 4 人，中毒 12 人。

1986 年 3 月，某燃气厂检修车间在高炉洗涤塔的阀门井内水管接点作业，因煤气倒窜，造成煤气中毒，死亡 2 人，中毒 3 人。

1987 年 9 月，某钢铁公司燃气车间检修转炉煤气柜加压机系统，因水封缺水，煤气外泄，中毒死亡 4 人。

1988 年 11 月，某钢铁厂热电站，由于煤气压力波动，击穿水封，造成煤气中毒，死亡 2 人。

1989 年 2 月，某钢铁厂清洗高炉料钟拉杆，发生煤气中毒，死亡 3 人，中毒 2 人。

1990 年 12 月，某钢铁厂发电分厂检修锅炉，发生煤气中毒，死亡 4 人。

2003 年 10 月，某厂 3 号 450 高炉计划检修，当维修工翟、宋 2 人在布袋顶层拆完放散正准备将放散管吊下时，突然 4 号 450 高炉 4 号箱体打开了放散，翟、宋二人立即感到头晕，然后失去知觉。事发后，地面人员立即组织 4 人去救人，因布袋顶层没有设与下面连接的梯子，在抢救过程中 4 人也吸入了高浓度的煤气，造成了煤气中毒，经全力抢救 6 人全部脱离了危险。

2005 年 5 月 20 日凌晨，某钢铁厂 2 号 1750m³ 高炉休风后恢复生产，燃气发电厂 165000m³ 干式煤气柜值班人员开大气柜进口阀吞气提高柜位，气柜吞气过大，致使柜位超限，气柜油封被击穿，造成煤气大量泄漏，导致下风侧某建设公司正在休息的施工人员 22 人中毒，3 人死亡，1 名操作工重度中毒。

2006 年 6 月 11 日，某钢铁公司在建工地对已经带煤气调试的煤气洗涤循环水泵房净水池清池作业，由于未可靠切断与洗涤塔联通的洗涤用水管线，水池抽空后造成煤气倒灌池内，导致 1 名作业人员中毒，后续抢救过程中又有 5 人中毒，经抢救无效 6 人全部死亡。

2008 年 10 月 18 日，某钢铁有限责任公司动力厂锅炉房在离地面约 20m 高的 6 号锅炉顶部平台，有 4 名工人在操作眼镜阀切断煤气作业时，因眼镜阀前面的蝶阀未完全关闭，操作过程中又出现眼镜阀阀板失控下坠，击中操作工人的头部，致使大量高炉煤气从眼镜阀开口处外泄。在此情况下，其余 3 名工人将被砸人员抬到 5 号锅炉炉顶平台后，误认为进入了安全区，便卸掉空气呼吸器，发生煤气中毒事故，其余人员盲目施救，最终 14 人中毒，其中 4 人死亡，其余 10 人轻度中毒。

2008 年 12 月 24 日，某厂 2 号高炉重力除尘器泄爆板发生崩裂，导致 44 人煤气中毒，17 人死亡，27 人受伤。

2009 年 9 月 18 日，某铁合金厂临时停产检修东烧结阀盖密封箱体盖板等。10 时许高炉休风，16 时 25 分后高炉复风，此时烧结平台下阀盖密封箱体内进行焊接作业的 3 人中毒，1 人焊好盖板爬出人孔时中毒，平台上配合检修者立即去关煤气阀门，将阀门关闭后自己即晕倒在阀门平台区。此次，造成 4 人死亡，1 人轻微中毒。

2009 年 12 月 6 日，某钢铁公司焦化厂 2 号干熄焦的旋转密封阀出现故障，3 名焦炉当班工人在巡检工还未关闭平板阀门的情况下打开 2 号干熄焦旋转密封阀人孔进行故障处理，导致有毒有害气体（气体主要成分为一氧化碳、二氧化碳、氮气等）从打开的人孔处冒出，造成中毒事故，3 名协助处理故障的焦炉当班工人中毒死亡；1 人未佩戴呼吸器进行施救，中毒死亡；最终共导致 4 人死亡，1 人受伤。

2010 年 1 月 4 日，某钢铁公司炼钢分厂的 2 号转炉与 1 号转炉的煤气管道完成了连接后，在 2 号转炉回收系统不具备使用条件的情况下，割除煤气管道中的盲板，煤气柜内煤气通过盲板上新切割方孔击穿 U 形水封，充满 2 号转炉（正在砌炉作业）煤气回收管道，使煤气从多个部位逸出，造成正在 2 号转炉施工作业的 21 人中毒死亡，9 人受伤。

2010 年 1 月 18 日，某冶炼公司 6 名检修人员在 2 号高炉（440m³）炉缸内搭设脚手架，拆除冷却壁时，停产检修的 2 号高炉与生产运行的 1 号高炉连通的煤气管道仅电动蝶阀关闭，而未将盲板阀（眼镜阀）关闭，未进行可靠的隔断，造成 6 名施工人员煤气中毒死亡。

2011 年 3 月 29 日，某集团 25MW 电厂 9 号锅炉检修过程中发生一氧化碳中毒事故。

现场人员17人，两名消防队员进入施救，10人遇难，7人重伤。

2011年5月30日，某钢铁厂165000m³高炉煤气柜检修调试结束准备投运撤气柜进口水封操作中，因操作失误，未关闭逆流管阀门，煤气泄漏，造成2人死亡，1人重伤。

2011年7月28日20时左右，某钢铁集团有限公司轧钢厂的非标准设计的"防爆水封"被击穿，发生煤气泄漏，导致部分民工及附近居民共有114人入院就诊，没有发生中毒者死亡的情况。

2011年12月25日，某线材厂检修完毕复产过程中发生煤气泄漏，造成46人中毒，其中6人死亡，1人重伤。

2012年2月23日，某公司转炉8万立方米煤气柜技改大修施工中，施工人员误将管线可靠切断装置螺丝割断，使盲板滑落，造成煤气倒灌入煤气柜中，造成13人煤气中毒，其中3人死亡，7人重伤。

4.4.5 常见煤气中毒事故的控制

（1）加强煤气安全管理，对于煤气作业人员，应进行生产操作及安全技术培训考核，合格后方准上岗工作。制定严格的岗位责任制，并确保实施。

（2）从生产设施的密闭式入手，提高系统的自动化程度，防止和减少一氧化碳在生产环境中达到危及人的健康与安全的浓度。

（3）加强对生产环境的一氧化碳浓度监测和警报（煤气生产、使用单位的操作岗位，煤气操作室和重点区域应设置一氧化碳监测报警装置及醒目的安全警示标牌，报警装置应定期校验），一氧化碳最高浓度不允许超过30mg/m³（24ppm）。

（4）设备或管道检修时，首先要把设备或管道内煤气吹扫干净。对新建或大修的煤气设备及管道要进行强度或气密性试验。

（5）在煤气区域工作，须2人以上，并要携带便携式一氧化碳报警仪。一旦发生煤气泄漏，应立即撤离危险区域，并应站在上风侧监视，严禁任何人进入危险区，同时立即通知有关单位处理。《工业企业煤气安全规程》（GB 6222—2005）规定了工作环境一氧化碳含量及允许工作的时间，见表4-10。

表4-10 工作环境一氧化碳含量及允许工作的时间

工作区域中CO浓度	允许工作时间
不超过30mg/m³（24ppm）	可较长时间工作
不超过50mg/m³（40ppm）	连续工作时间不得超过1h
不超过100mg/m³（80ppm）	连续工作时间不得超过30min
不超过200mg/m³（160ppm）	连续工作时间不得超过15~20min

注：每次工作时间间隔至少2h以上；对CO来说1ppm = 1.25mg/m³。

（6）建立煤气中毒事故的抢救和急救体制，配备必要的防护器具和急救器材，如一氧化碳监测仪、空气呼吸器等，平时要经常检查，确保器具有效。进入高浓度一氧化碳环境中工作时，一定要戴好防毒面具，佩戴时，必须认真检查确认，尤其注意不准在煤气危害区摘掉面罩或口具、鼻卡，并有足够的监护和抢救措施。

5 煤气中毒窒息事故的处置

5.1 煤气中毒事故的抢救

5.1.1 煤气中毒事故现场的特点

煤气事故现场具有突发性、紧迫性和艰难性等特点。

（1）突发性。现场急救往往在人们预料之外、突然发生，有时是单个、有时是少数、有时是成批，有时是分散、有时是集中，伤者轻重不一，不仅需要现场人员参加，往往更需要更多场外人员参加。

（2）紧迫性。煤气事故的发生，尤其是泄漏、爆炸和中毒事故，往往都会存在人员伤亡，其中人员煤气中毒时间与抢救时间间隔越短，成活率越高。时间就是生命，一般心跳、呼吸停止 6min，则出现大小便失禁，昏迷，脑细胞发生不可逆转性损伤。一般 4min 之内开始心肺复苏，可能有 50% 成活率，10min 后成活率极低。

（3）艰难性。受环境（如高空、地下坑道、走梯平台）等的限制，救援工作中常常会出现意想不到的困难。另外，现场急救需要丰富的医学常识和过硬的技术。掌握好人工呼吸和体外心按摩，是非常关键的。

受感情影响，在得知同事、亲友、乡邻身处险境时，绝大多数人的第一选择是奋不顾身，而很少顾及自己的能力和水平，造成现场控制难，进而扩大了事故。

5.1.2 煤气中毒事故现场抢救存在的矛盾及解决方法

煤气事故的突发，往往波及范围广，持续时间长，极易造成群死群伤。

现场救援会出现以下尖锐的矛盾：

（1）快速救援与短时间消除煤气泄漏的矛盾。

（2）快速切断气源与回火爆炸的矛盾。

（3）急救技术力量不足和中毒等伤员都需要抢救的矛盾。

（4）急救物资短缺与需求量的矛盾。

（5）重伤员与轻伤员都需要急救的矛盾。

（6）轻、重伤员都需要后运的矛盾。

当事故和灾害迫在眉睫或正在发生的时候，每个指挥员、职工和个人的行动是否正确合理，往往就决定了他们在灾难中能否生存，第一时间处置的好坏往往决定了伤亡损失的大小，也往往决定了处置成本的高低。所以，第一时间应对事故和灾害的能力成为减少突发事件及其造成的损失的最有效、最经济、最安全的办法。

（1）设计上要完善煤气相关的附属设施，如自动切断装置、防止回火爆炸减小损失的泄爆装置等，实现有效的人机分离。

（2）立足岗位编制应急救援预案，成立煤气事故应急处置和救援队伍，完善煤气事故应急处置方案，强化煤气事故应急处置演练和培训，使整个救援过程井然有序。

（3）各级领导要高度重视，指示明确，一旦发生事故要立即赶赴现场指挥事故救援处理工作。

（4）信息畅通，事故报告迅速，为应急救援争取时间，减少人员伤亡。

（5）果断决策，立即启动事故应急救援预案，调动各方力量参与救援工作。

（6）积极有效利用社会资源，寻求各方积极支援。

5.1.3 中毒人员分类

中毒人员分类是中毒现场急救工作的重要部分，做好伤员分类工作，可以保证充分发挥人力、物力的作用，使需要急救的轻、重伤员各得所需，使急救和后运工作有条不紊地进行。

5.1.3.1 现场中毒人员分类的要求

（1）分类工作是在特殊困难而紧急的情况下，边抢救边分类。

（2）分类应由经过训练、经验丰富、有组织能力的技术人员进行。

（3）分类应依先危后重、再轻后小的原则进行。

（4）分类应快速、准确、无误。

5.1.3.2 现场中毒人员分类的判断

判据如下：

（1）呼吸是否停止。

（2）脉搏（心脏）是否停止。

判断以上情况需要通过看、摸、听；判断过程要稳、准、快。判断一个伤员只能在 1 ~ 2min 内完成，通过简单的分类，便于采取针对性的急救方法。

（3）根据心跳、呼吸、瞳孔、神志等方面，判断伤情的轻重。正常人每分钟心跳 60 ~ 80 次、呼吸 16 ~ 18 次，两眼瞳孔是等大等圆的，遇光线后能迅速收缩变小，神志清醒。而休克伤员的两瞳孔不一样大，对光线反应迟钝。可根据表 5-1 所示情况判断休克程度。对呼吸困难或停止者，应及时进行人工呼吸。当出现心跳停止现象时，应第一时间对中毒人员进行心脏按压法急救，然后再配合实施人工呼吸。

表 5-1 休克程度分类表

休克分类	轻 度	中 度	重 度
神 志	清 楚	淡漠、嗜睡	迟钝或不清
脉 搏	稍 快	快而弱	摸不着
呼 吸	略 速	快而浅	呼吸困难
四肢温度	无变化或稍发凉	湿而凉	冰 凉
皮 肤	发 白	苍白或出现花纹斑	发 紫
尿 量	正常或减少	明显减少	尿极少或无尿
血 压	正常或偏低	下降显著	测不到

（4）人工呼吸持续的时间以伤员恢复自主性呼吸或真正死亡时为止。当救护队员到达现场后，应转由救护队用苏生器苏生。

5.1.3.3　煤气中毒的特性和中、重度煤气中毒患者的表象

当人们意识到已发生一氧化碳中毒时，往往为时已晚。因为支配人体运动的大脑皮质最先受到麻痹损害，使人无法实现有目的的自主运动。此时，中毒者头脑中仍有清醒的意识，也想打开门窗逃出，可手脚已不听使唤。所以，一氧化碳中毒者往往无法进行有效的自救。

中、重度煤气中毒患者的表象有：遍体发软；面部、前胸、大腿内侧成樱红色；大小便失禁；昏迷和神志不清。

5.1.4　煤气中毒事故应急处置

5.1.4.1　煤气中毒事故的处置原则

（1）正确高效地处理煤气中毒事故，减少煤气中毒人员的伤亡。

（2）煤气事故发生时，操作工有权按规程要求采取紧急避险操作。

（3）抢救中毒者，安排煤气事故现场无关人员撤离，设立警戒范围，保护周围相关人员和群众安全。

（4）对煤气进行检查和监测并控制危险源。

5.1.4.2　煤气中毒事故的处置方法

煤气中毒事故的现场与一般事故发生后的现场不同，爆炸、坍塌、机械事故等发生后现场不保持原有的危险状态，而煤气中毒事故发生后，现场一般保持原有的危险状态。所以，进行中毒事故现场抢救时，救护人员首先应做好个人自身的防护。

（1）将中毒者迅速及时地救出煤气危险区域，抬到空气新鲜的地方，解除一切阻碍呼吸的衣物，并注意保暖。抢救场所应保持清静、通风，并指派专人维持秩序。

（2）中毒轻微者，如出现头痛、恶心、呕吐等症状，可及时吸氧，也可直接送往附近卫生所急救。

（3）中毒较重者，如出现失去知觉、口吐白沫等症状，且呼吸没有停止，立即实施吸氧，可缓解病情加重，并通知煤气防护站和附近卫生所赶到现场急救。

（4）若中毒者已停止呼吸，应在现场立即使用苏生器做人工呼吸，给氧时必须使用纯氧，同时通知煤气防护站和附近卫生所赶到现场抢救。

（5）中毒者未恢复知觉前，不得用急救车送往较远医院急救，就近送往医院抢救时，途中应采取有效的急救措施，并应有医务人员护送。

（6）经常存在煤气的危险岗位（如高炉操作岗位），应增设吸氧设施，有条件的企业应设高压氧舱，以便对煤气中毒人员进行及时抢救和治疗。

实验研究表明，停止吸入一氧化碳后，患者吸入正常的空气，其血液中碳氧血红蛋白减少一半所需时间大约为320min，其全部解离需一昼夜。吸入氧气可使一氧化碳的排出大为加快，使吸入的一氧化碳排出一半的时间减少为80min，数小时内即可全部解离。

时间就是生命，煤气中毒时间与抢救时间间隔越短，成活率越高。当煤气中毒事故发生后，参与现场急救的人员要沉着、冷静，切忌惊慌失措。

5.1.4.3 煤气中毒事故应急救援预案的目标

正确高效地处理煤气事故，减少煤气事故损失。

（1）抢救中毒者，撤离煤气事故现场无关人员，设立警戒范围，保护周围相关人员和群众安全。

（2）对煤气进行检查和监测并控制危险源。

5.1.4.4 报警和接警处置

现场操作人员在报警时应对事故的性质、时间、地点、伤亡人数等描述表达清楚、规范，第一时间报告应急指挥中心及相关部门；操作人员报警时必须以单位区域实名制报警，必要时提供固定参照物并派人引导救援人员。

接到报警，接警人必须问清事故发生的原因、性质、时间、地点、人员伤害等情况并做记录，立即向煤气事故应急响应领导小组有关领导汇报，值班人员按指令迅速赶赴现场。

非值班人员接到通知后，必须尽快赶到值班室，形成后援小组。

5.1.4.5 物品准备

行动小组必须携带其中必需的报警器、呼吸器、苏生器、安全绳、备用氧气瓶等防护、救护和自救装备。

在抢救过程中，小组成员之间要相互检查、提醒，安全互保。

5.1.4.6 现场处置

事故单位视事故性质和波及范围划定危险区域。

（1）组织危险区域内人员撤离，布置警戒，阻止非抢救人员进入。

（2）现场所有人员必须服从领导，听从指挥。

（3）现场指挥人员必须迅速弄清事故现场情况，组织及时抢救中毒人员。

（4）救援人员必须保持与煤气事故应急响应领导小组组长的联系，及时汇报现场情况；采取有效措施，做好事故处理，防止事故扩大。

5.1.4.7 抢救过程注意事项

（1）进入煤气区域抢救人员必须首先做好个人防护，如佩戴空气呼吸器或氧气呼吸器，严禁不带防护仪器冒险进入险区，而造成事故扩大。

（2）在做好个人防护的前提下，尽快将伤员脱离危险区域（要向上风侧安全地带撤离，并确认脱离危险区域，方可对伤员实施急救）。

（3）在煤气区域严禁摘下口具、面具讲话。

（4）抢救过程要由近及远。

（5）做好伤员安置。迅速将患者安置在空气新鲜的地方，解开衣扣、腰带等（有湿衣服时应脱掉），使患者能自由呼吸新鲜空气，冬季注意保暖，恢复后喝点浓茶，使血液循环加快减轻症状，随后可根据症状轻重对症治疗。

（6）对中毒人员要仔细检查，靠看、摸、听准确判断，抢救中要稳、准、快。

（7）对有自主呼吸患者及时输氧（纯氧）效果最好。在有条件的情况下可送高压氧舱进一步治疗。

（8）不能对腐蚀性气体中毒患者进行人工呼吸，只能氧吸入。

（9）对呼吸停止或呼吸微弱者应立即进行人工呼吸。

（10）如心跳停止时要第一时间实施体外心按摩，直至听到心音时方可进行其他治疗。

（11）针灸治疗，可强刺激以下穴位：人中、内关、合谷、足三里、涌泉、十宣等。

（12）伤员在未恢复知觉前，不得送往较远的医院抢救，如送途中不得停止抢救。

（13）事故抢救完毕后，必须进行调查分析，找出事故原因，提出防范措施，吸取事故教训，杜绝重复事故的发生。

5.1.5　中毒人员的搬运

煤气中毒人员的抢救，是与死神赛跑，搬运是抢救煤气中毒的重要组成部分，中毒时间与抢救时间间隔越短，中毒人员的成活率越高。掌握急救技术并熟练应用，可以使抢救中毒人员成功一半。把搬运仅仅看成简单体力劳动的观念是一种错误观念。

抢救煤气中毒患者，应禁止采用大声呼叫、用力摇撼、生拉硬拖等不正确的搬运方法，这样不禁无助于抢救，而且导致病情加重、救护人员易发生危险，扩大事故。

5.1.5.1　搬运原则

使用最有力的身体部分，如腿、肩。尽量将重量贴近自己的身体。要注意保护自己，防止防毒仪器脱落。

5.1.5.2　运送伤者的原则

（1）对身处煤气危险环境中的中毒人员，抢救人员应第一时间将中毒人员脱离危险环境。

（2）在搬运中毒患者时，应先迅速检查患者的伤势并加以适当的、必要的、初步救护处理。

（3）要根据伤情，灵活地选用不同搬运方法和工具。

若需要将伤患者拖至安全地带，应将伤者身体以长轴方向直向拖行，不可从侧面横向拖行。

凡是头部，大、小腿，手臂或骨盆发生骨折或是背部受伤的伤患者，均不得让其坐在担架上运送。

5.1.5.3　中毒人员搬运方法

（1）扶行法。此法适用于清醒的中毒患者。要求中毒人员没有骨折，伤势不重，能自己行走。具体操作方法：救护者站在身旁，将其一侧上肢绕过救护者颈部，用手抓住伤病者的手，另一只手绕到伤病者背后，搀扶行走。

（2）拖行法。该法适合拖行仰卧或处于坐姿的伤员。

1）单人拖行法。单人操作：救护人员把双手插到伤员的腋下，分别抓住两边的衣服，将伤员的头支撑在救护人员的前臂间。将伤员向后拖行到最近的安全地方。

2）双人拖行法。双人操作：可先解开伤员上衣最上边两个扣，将伤员衣领向内翻卷3~5圈，救护人员分别抓住伤员肩部两边卷进的衣领部分，将伤员的头支撑在两救护人员的前臂间，将伤员向后拖行到最近的安全地方（见图5-1）。

注意：拖拉时不要弯曲或旋转伤员的颈部和后背，在拖拽他们的衣服时，千万不要使他们窒息。

图5-1 双人拖行法示意图

（3）爬行法。使用三角巾或撕开的衬衫等，把伤员的手扎在一起，把扎着的手套在救护人员的脖子上。用这种方法可以挪动比救护人员重很多的人。

（4）双人拉车式。此法适于意识不清的中毒患者。

方法一（如图5-2所示）：

将中毒者面部朝上，并使其两臂在胸前交叉。将中毒者上半身扶起，两名抢救人员各架一只手臂将其架起，其中一人迅速转至中毒者身后将其腰部抱紧。另一人反身站于中毒者两腿之间，从膝关节上将其两腿夹于自己两腋下，迅速将中毒者抬出煤气危险区域。

图5-2 双人拉车式（一）

方法二（如图5-3所示）：

从高处向下搬运时，前后两人要配合好，以免摔倒和撞伤，两名救护者，一人站中毒者背后将两手从伤病者腋下插入，把中毒者两前臂交叉于胸前，再抓住伤病者的手腕，把中毒者抱在怀里，另一人反身站在中毒者一侧将中毒者两腿交叉叠放在一起，双手将中毒者从脚腕关节上将双腿抬起夹在一侧腋下，两名救护者一前一后地行走。该法前面救护者从高处向下移动时可腾出一只手抓扶走梯护栏，防止摔倒发生意外事故。

图5-3　双人拉车式（二）

（5）三人平托式。三人（或四人）平托式适用于爆炸、着火后受伤人员以及脊柱骨折的伤者，煤气中毒患者因遍体发软，很难托起。

如图5-4所示，两名救护者站在中毒者的一侧，分别在肩、腰、臀部、膝部，第三名救护者可站在对面，两臂伸向伤员臀下，握住对方救护员的手腕。三名救护员同时单膝跪地，分别抱住伤病者肩、后背、臀、膝部，然后同时站立抬起伤病者。

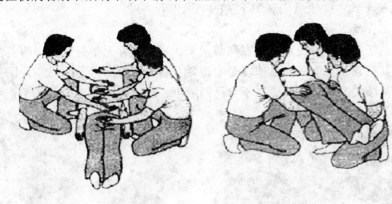

图5-4　三人（或四人）平托式

5.2　人工急救方法

相传医圣张仲景在南阳、修武一带行医，始终放不下写书传播医理的心愿。为了写好书，他除了寻找、研究各种祖国的医学典籍外，还尽力采集民间的验方，不断积累资料。有一天，他听说邻近老乡们把一个上吊的人救活了，便忙去打听用的是什么方法，回来后，他在书上这样写道："把自缢的人抱住，再轻轻地解下来。在死者挂着时不可截断绳索，以免跌伤。然后将死者仰放在床板上，两人蹲在死者的头两旁，揉摩他的臂部和颈部，并拿起两手一起一落的运动。另外一个人反复按死者的胸脯，和抬手的人节拍一致。这样进行了约煮熟一顿饭的工夫，死者若能恢复呼吸，运动仍然继续进行，但这时动作不可太猛，以免患者过于劳累……"这是我国历史上第一个关于"人工呼吸"的记载。

所谓人工呼吸是急救术中最常用且简便有效的急救方法，是在呼吸停止的情况下人工帮助肺脏进行呼吸，让机体继续得到氧气和呼出二氧化碳，以维持重要器官机能的方法。在进行人工呼吸时，必须争分夺秒。

人工呼吸适用于中毒、溺水、电击、休克、呼吸肌麻痹等所引起的呼吸停止。

5.2.1 伤员检查和安置

（1）首先将患者脱离危险区域。

（2）安置伤员：将伤员置于有新鲜风流处，解开紧身衣物如衣扣、胸罩、腰带（有湿衣时应脱掉）等阻碍病人呼吸的束缚，适当覆盖衣物，保持体温，肩部垫高10～15cm，头尽量后仰，面朝一侧，以利呼吸畅通。对溺水者，应先使伤员俯卧，轻压背部让水从气管及胃中倾出。

（3）快速检查伤员受伤情况和受伤程度，凡是病人心脏停止跳动应立即进行体外心脏按压。

（4）如果实施人工呼吸，必须检查病人呼吸系统，以便确定是否清理口腔、喉腔和插口咽导管。

清理口腔：将开口器由伤员嘴角处插入前啮间，将口启开，用夹舌钳拉出舌头，用药布裹住食指清出口腔中的分泌物和异物。

清理喉腔：有条件时使用吸引装置清理喉腔，打开气路，从鼻腔插入吸引管，将吸引管在喉腔内反复移动，使喉腔内的污物、黏液、水等吸入吸引瓶内。也可利用注射器外接输液软管深入喉腔内将污物吸出。

插口咽导管，专业救护人员可以利用苏生器中配备的口咽导管，根据成人、少年、幼儿，选择插入大小适宜的口咽导管，以防舌后坠使呼吸道梗阻，插好后将舌送回，防止伤员痉挛时咬伤舌头。

5.2.2 人工呼吸

5.2.2.1 进行人工呼吸前注意事项

（1）清除病人口、鼻内的泥、痰、呕吐物等，如有假牙亦应取出，以免假牙脱落坠入气管。

（2）解开病人衣领、内衣、裤带、胸罩，以免胸廓受压。

（3）检查患者胸、背部有无外伤和骨折，女性有无身孕，如有，应选择适当姿势，防止造成新的伤害。

（4）使病人脱离危险区域后，就地做人工呼吸，尽量少搬动。

（5）实施人工呼吸前，清理呼吸道使其畅通，防止胸部受压使肋骨损伤。实施过程中正常气体交换量不少于 1/2，同时要注意心跳情况。实施人工呼吸要有足够时间和耐心，不可随意放弃。

5.2.2.2　人工呼吸方法

（1）口对口吹气法。口对口吹气法的操作方法（见图 5-5）如下：

1）患者仰卧，头后仰，托起患者的下颌并使其口张开，有条件时盖上一块纱布。

2）用一只手捏住患者鼻孔，使其不漏气；另一只手拇指、食指轻按环状软骨，压迫食道，防止吹气入胃。

3）每次先深吸一口气，从患者口部吹入，直至胸部隆起为止。

4）吹气停止后，放松双手，注意患者呼气声和胸部复原。最初吹气 5～10 次（每次用时 1～1.5s），以后则不必过快，反复进行，每分钟 12～16 次。

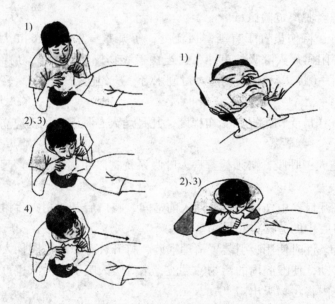

图 5-5　口对口人工呼吸示意图

口对口的吹气法应注意的事项：口对口的吹气不宜过大，一般在 500～600mL，以免引起肺泡破裂。也不可过小，以免进气不足，达不到救治目的。吹入时间不宜过长，以免发生急性胃扩张。在吹气过程中要注意观察病人气道是否通畅，胸腔是否被吹起。

（2）仰卧压胸人工呼吸法。仰卧压胸人工呼吸操作方法（见图 5-6）如下：

1）患者仰卧，肩部垫高 10～15cm，松开衣服及腰带等，并将患者双臂拉开超过头部 180°水平。

2）面对患者，两腿分开，跨过患者两侧大腿，跪在地上。

3）两臂伸直，双手贴放在患者肋弓下，拇指向内，其余四指向外，借身体重力将患者胸部向下推压，持续约 2～3s，使胸部缩小，排出肺内气体，然后松手，使胸廓自然扩张，如此反复。

4）操作时节律均匀，每分钟 12～16 次。

仰卧压胸法注意事项：此法不适于牙关紧闭舌向后坠的患者，对溺水、胸部创伤、肋骨骨折患者也不宜采用。用力不应过大，以防造成患者肋骨骨折。

此法的优点是：便于观察病人表情，气体交换量较大。

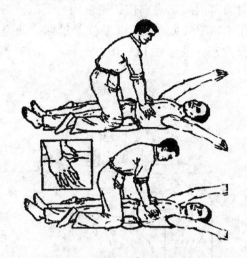

图5-6　仰卧压胸法示意图

（3）举臂压胸法。举臂压胸法操作方法（见图5-7）如下：

双腿跪于患者头部，握住患者双手肘部稍下处，用力均匀地举起拉开双臂超过头部180°，然后把患者双肘向其胸部两侧压迫，如此往复进行，每分钟12～16次，儿童每分钟可进行20～30次。

举臂压胸法的注意事项：在伤员上肢和肋骨损伤时不能使用该法，以免加重伤情。此法适合于下肢或腰臀部负伤伤员。

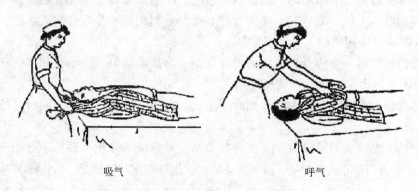

吸气　　　　　　　　　　　　　　　呼气

图5-7　举臂压胸法图解

（4）俯卧压背人工呼吸法。此法古老但仍在普遍使用。由于病人俯卧，舌头易向口外坠出，救治者不必另花时间拉舌头，可赢得更多更快的抢救时间。此法简单易行，在救治触电、溺水、自缢者时常用。

俯卧压背操作方法（见图5-8）如下：

1）将患者胸、腹贴地，腹部稍垫高，头偏向一侧，两臂伸过头或一臂枕在头下，使胸廓扩大。

2）救治者两腿跪地，面向患者头部，骑在患者腰臀上，把两手平放在患者背部肩胛下角的脊椎骨两旁，手掌根紧贴患者背部，用力向下压挤。

3）救治者在压挤患者背部时应俯身向前，慢慢用力下压，用力方向是向下向前推压，这时患者肺内空气已压出（即呼气），然后慢慢放手松回，使空气进入患者肺内（即吸气），如此反复便形成呼吸。每分钟可做 14～16 次。

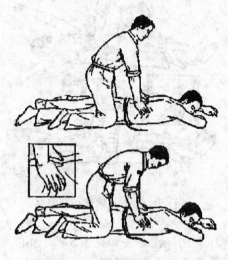

图 5-8　俯卧压背法图解

5.2.2.3　人工呼吸操作过程中的注意事项

（1）病人应置于空气流通的平地上或木板上，注意保暖和保证呼吸通畅。

（2）应察看病人的一般情况，如胸背部有无严重损伤等，并结合病人年龄、病情、现场条件，以便确定选用何种人工呼吸法。

（3）进行操作时，姿势要正确，力量要适当，节律要均匀。给小儿和瘦弱病人进行操作时，用力不可过大、过猛，以免压伤病人。

（4）必须连续进行，不可中断，如时间过长，可医、护轮流进行，同时可按医嘱使用兴奋剂。

（5）当病人出现自动呼吸时，人工呼吸应与自动呼吸节律相一致，不可相反。待病人呼吸恢复正常后方可停止人工呼吸，并使病人静卧，继续观察呼吸情况，防止呼吸再度停止。

5.2.3　体外心脏按压术

体外心脏按压术是在心跳停止时，用以促使心脏复跳的有效方法。对伤情严重的伤员，如果其停止搏动还未超过 5～6min，立即施行体外心脏按压术，然后根据情况配合有效的人工呼吸，如前"口对口吹气法"所述，仍有可能使伤员复苏（见图 5-9 和图 5-10）。

5.2.3.1　体外心脏按压术操作方法

施行体外心脏按压时，宜将伤员安置于平硬的地面或板床上，将伤员双臂拉开超过头

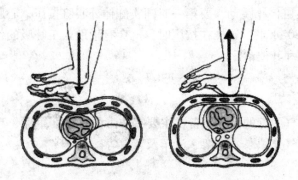

图 5-9   体外心脏按压术原理图

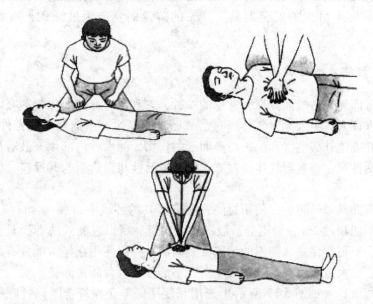

图 5-10   体外心脏按压示意图

部 180°水平，操作者位于伤员一侧，两手伸平互相重叠，两臂伸直，以身体重力下压，其力量足以使胸骨下陷约 4~5cm。

手掌着力的部位位于胸骨剑突以上，胸骨中央下 1/3 处（可略偏左），或乳头连线中点略偏左，即相当于心脏的部位，缓缓压下，急速抬起，每分钟保持不少于 100 次，压下或放松时手均不能离开胸壁。

5.2.3.2   体外心脏按压术操作中应注意的问题

（1）体外心脏按压时，用力要适度，应防止伤员肋骨压断，对老年伤员尤应注意，对儿童使用一手法，对婴儿使用两指法。

（2）应用力、快速按压每分钟不少于 100 次，确保最佳心脏血流灌注。

（3）每次按压后允许胸廓完全松弛（即恢复到原来的位置），按压与放松的时间应大致相等。

（4）勤换人（2min 换），更换时间应尽可能短，以保证按压质量。

（5）发现病人心脏停止跳动，要第一时间实施体外心脏按压，心脏按压时要将病人的双臂拉开超过头部180°水平，这样在按压时，就会有辅助人工呼吸的作用，待心脏恢复跳动，再进行人工呼吸和其他治疗。

5.3 防护及救护设备

防煤气中毒及煤气中毒的抢救设备，主要有防毒面具、苏生器、高压氧舱、万能检查器、氧气充填泵、空气充填泵、担架、汽车及工具等。

5.3.1 防毒面具

防毒面具既是煤气操作人员或维护人员处理煤气及带煤气作业的必需品，也是煤气中毒现场抢救人员必不可少的安全器具。常见的防毒面具分为过滤式、隔离式和隔绝式三种。

5.3.1.1 过滤式防毒面具

过滤式防毒面具是防毒面具最为常见的一种，它利用有毒气体吸收剂吸收气体中的有毒气体，从而保证人体吸入无毒气体。过滤式防毒面具主要由面罩和滤毒件两部分组成。面罩起到密封并隔绝外部空气和保护口鼻面部的作用。滤毒件内部填充载有催化剂、化学吸收剂的粒状活性炭。当有毒气体经过滤毒层，被活性炭吸附后与其反应，使毒气丧失毒性的作用。

过滤式防毒面具属轻防护，使用过滤式防毒面具的环境中，氧气含量应不低于17%，一氧化碳含量不能超过2%。否则会造成窒息或中毒。所以过滤式防毒面具虽然体轻、灵活、简便易行，但可靠性差，使用的地点受到限制，一般使用在经常散发有毒气体但散发量不大的场合。在大量散发有毒气体的场所，不能使用这种防毒面具。

过滤式防毒面具（如图5-11所示）选用和使用保养必须符合国标《呼吸防护 自吸过滤式防毒面具》（GB 2890—2009）的相关规定。

图5-11 过滤式防毒面具

5.3.1.2 隔离式长管防毒面具

隔离式长管防毒面具，通过面罩和导气管，将作业环境中的有毒气体同人体呼吸隔开，而使人体从别处吸入新鲜空气。常见的隔离式防毒面具有泵送风式和自吸式。

隔离式长管防毒面具，具有轻便、简单易行等优点，尤其是它没有改变人体呼吸环境，因而人体无任何不舒适的感觉。但是，隔离式防毒面具必须有一根较长的导气管，使操作人员行走不便，因此，一般适用于作业人员活动范围小、作业时间长的地点，如高炉炉内及地下坑、井等。隔离式防毒面具不能作为抢救人员防护器具使用。

隔离式长管防毒面具安全使用要点有：

(1) 选择合适的面罩，与导气管紧密相连，进气口放在作业上风空气新鲜处。

(2) 检查呼吸阀、吸气阀，并进行气密试验，做到"先戴后进"。

(3) 导气管要顺利、平直、畅通，使用时严禁踩踏、挤压、缠结、强拉。

(4) 专人监护、检查作业人员和导气管进气情况。

(5) 作业中如感到呼吸困难或进气口附近可燃（有毒）气体报警器报警，应立即撤出作业区。

5.3.2 隔绝式防毒面具

隔绝式防毒面具是自带气源（氧气、空气）使人的呼吸系统与外界隔绝的呼吸防护装备，它使用压缩氧气或压缩空气，可组成一个封闭完整的呼吸系统。其广泛用于矿山、冶金、石油、化工、国防等系统的有害气体作业，是对有害气体进行事故预防和事故现场抢救工作的安全、有效的防护器具。目前常用的有正压式氧气呼吸器和正压式空气呼吸器。

这类防护设施的特点是：

(1) 自带气源，气瓶储气量有限，因而一次使用时间有限。

(2) 较笨重，其质量 7.5 ~ 11.5kg。

(3) 作业人员负重劳动，易出现疲劳。

(4) 由于自带气源，作业人员行动比较自由。

5.3.2.1 逃生型呼吸器

逃生型呼吸器由压缩空气瓶、减压器、压力表、输气导管、头罩、背包等组成，能提供个人 10 或 15min 以上的恒流气体，可供处于有毒、有害、烟雾、缺氧环境中的人员逃生使用。气瓶上装有压力表始终显示气瓶内压力。头罩或全面罩上装有呼气阀，将使用者呼出的气体排出保护罩外，由于保护罩内的气体压力大于外界环境大气压力，所以环境气体不能进入保护罩从而达到呼吸保护的目的。

逃生型呼吸器（如图 5-12 所示）统称呼吸器、空气呼吸器，用来防御缺氧环境或空气中有毒有害物质进入人体呼吸道的保护用具。紧急逃生呼吸装置装备一个能遮盖头部、颈部、肩部的防火焰头罩，头罩上有一个清晰、宽阔、明亮的观察视窗。逃生型呼吸器可分为过滤式自救呼吸器和化学氧自救呼吸器。

逃生型呼吸器有如下特点：

(1) 自给式压缩空气呼吸保护装置，仅用于从有危险气体的场所逃生，不得用于救火、进入缺氧舱或液货舱，也不得供消防队员穿着使用。

(2) 逃生型呼吸器的压缩气瓶上装有一个压力表。在贮存过程中，压力表不显示气源压力。

(3) 逃生呼吸器装备一个能遮盖头部、颈部、肩部的防火焰头罩，头罩上有一个清

图 5-12　逃生型呼吸器

晰、宽阔、明亮的观察视窗。

（4）操作简便，打开气瓶阀上头罩即可，无其他任何附加动作。

5.3.2.2　正压式氧气呼吸器

A　正压式氧气呼吸器结构

目前工厂最常使用的氧气呼吸器，可分为 2h、3h、4h 氧气呼吸器三种。其基本结构和原理基本相似。

氧气呼吸器主要部件有：面罩（见图 5-13），唾液盒，呼气阀，吸气阀，水分吸收器，气囊，自动排气阀，氧气瓶，减压器，氧气分路器，清净罐，压力表，呼气软管，吸气软管，外壳和盖子，以及专用工具等。

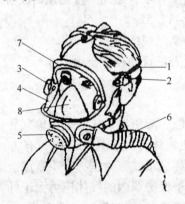

图 5-13　呼吸面罩

1—头带；2—带扣；3—手柄；4—眼窗玻璃；5—传声器；
6—呼吸软管；7—擦水器；8—阻水罩

其工作原理及气体循环过程如下：打开氧气瓶开关后，高压氧气（20MPa）经高压管进入减压器，氧气压力降低至 0.25~0.3MPa，通过定量孔以 1.1~1.3L/min 的流量输入气囊；吸气时，氧气由气囊经吸气阀、吸气软管、面罩进入肺部，而肺部呼出的气体经面罩、呼气软管和呼气阀进入装有吸收二氧化碳吸收剂的清净罐；被清洗了的气体经水分吸收器，进入气囊与定量孔出来的气体相混合成新鲜空气。这样，气囊中的气体不断增加，压力升到 200~300Pa 以上时，则多余气体由自动排气阀排出呼吸器外（包括需要排出的系统内的废气）。由于呼气阀和吸气阀具有单向导气性能的特点，整个气流始终沿着一个方向，从而保证新鲜空气不断供给，其气体循环流程见图5-14。原理结构图见图5-15。

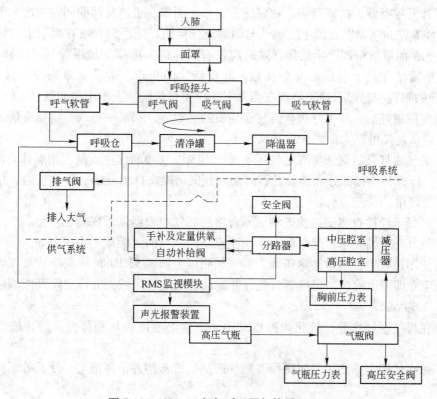

图 5-14 AHG－4 氧气呼吸器气体循环流程

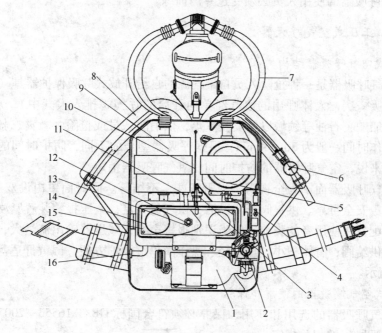

图 5-15 原理结构图

1—氧气瓶;2—减压器;3—自动补给阀;4—报警哨;5—降温器;6—压力表;7—呼吸连接组;8—背带组;9—清净罐;
10—气囊拉杆;11—排气阀连接帽;12—排气阀;13—排气阀固定帽;14—正压弹簧;15—气囊组;16—放水阀

B　正压式氧气呼吸器的使用和保养

(1) 背上呼吸器,拉紧背带,扣好腰带,戴上面罩,迅速从两侧同时依次由下向上拉紧头带,使其密封垫紧贴在脸上,确认与面部充分接触。把手掌轻按在面罩上,将进气口堵住,吸气,面罩紧密即产生负压,这时应没有气体进入面罩。如果漏气,应移动面罩,使其密封垫紧贴在脸上与面部充分接触,并重新紧固头带,确认面罩与面部接触紧密。(注:普通的眼镜和隐形眼镜不能戴在面罩下,应使用戴眼镜人专用的面罩。)

(2) 面罩戴好后,取下呼吸软管三通插头的密封盖,深吸一口气,将插头插入面罩的插孔中,确认连接可靠、良好,打开氧气瓶。

(3) 氧气瓶打开后确认氧气瓶气压不低于10MPa(协同作业人员互相确认),做2~3次深呼吸。检查各连接部分和导管是否严密,并试用检查自动补给、手动补给、排气阀和呼吸阀好使好用。

(4) 严禁未经检查测试或检查测试不合格的氧气呼吸器带入现场及使用。

(5) 氧气呼吸器夏季严禁暴晒,冬季注意防冻,与明火距离不小于10m。

(6) 使用过程中,经常注意压力,如氧气瓶压力低于5MPa时(正压式氧气呼吸器开始报警)应立即退出险区,更换氧气瓶,并确认走出危险区域,方可关闭气瓶阀门,取下鼻夹、口具或面罩。

(7) 在煤气区域作业,禁止摘掉口具讲话,禁止撞掉口具和鼻夹,禁止松动和摘下面罩。

(8) 每次使用完毕必须及时更换气瓶、药品、冷却剂并清理消毒,使其处于良好的备用状态。

(9) 氧气呼吸器的使用人员必须受过专门训练。

5.3.2.3　正压式空气呼吸器

A　正压式空气呼吸器结构

正压式空气呼吸器是一种抢险人员自带气源的自给开放式呼吸保护器具(开放式即对供给气体仅呼吸一次,人体呼出的废气经单向开启的呼气阀排入大气中),可用于消防、化工、冶金、船舶、石油等领域以及实验室等,供消防队员或抢险、救灾、救护工作。空气呼吸器的工作时间一般为30~60min,根据呼吸器型号的不同,防护时间的最高限值有所不同。总的来说,空气呼吸器的防护时间比氧气呼吸器稍短。

正压式空气呼吸器面罩为全视野,视野宽阔,不结雾。同时面罩内设双层密封保护,气密性好,佩戴安全可靠。供气阀开闭灵活,供气量充足;余压报警装置紧凑地与压力报警器连为一体配备在使用者的胸前,便于识别报警声响;减压器输出流量大,可保证输出充足的气体到供给阀;有体积小、重量轻、操作简单、维护方便、佩戴舒适等特点。结构图如图5-16所示。

B　正压式空气呼吸器的使用和保养

正压式空气呼吸器的选用和使用、保养必须符合国标 GB/T 16556—2007《自给开路式压缩空气呼吸器》的相关规定。

(1) 检查背板、面罩、背带、腰带、扣环、挂钩是否完整、合适、好用。

(2) 检查中压管、快速接口、面罩及呼吸量需求阀是否完好无损伤。

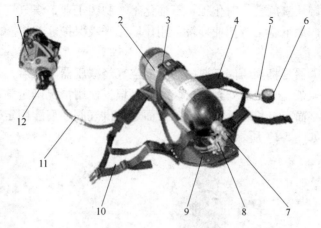

图 5-16　正压式空气呼吸器结构图

1—面罩；2—气瓶；3—瓶带组；4—肩带；5—报警哨；6—压力表；7—气瓶阀；
8—减压器；9—背托；10—腰带组；11—快速接头；12—供给阀

（3）检查气瓶是否连接固定牢固。连接并关闭呼吸量需求阀，打开气瓶阀门，使其充气，压力表指示小于 5MPa 时，报警器报警，压力继续升高大于 5MPa 后，报警器停止报警，检查气瓶气压不低于 25MPa，关闭气瓶开关后，注意压力表测试高压下是否漏气，以压力表的读数 1min 不会降低 0.5MPa 为合格，打开呼吸量需求阀（供气阀）放气（注：不同品牌的呼吸器打开呼吸量需求阀的方法不同），压力指示小于 5MPa 时，关闭呼吸量需求阀，报警器再次报警为合格。

面罩气密性检查：戴上面罩，迅速从两侧同时依次由下向上拉紧头带，使其密封垫紧贴在脸上，确认与面部充分接触。把手掌轻按在面罩上，将进气口堵住，吸气，面罩紧密即产生负压，这时应没有气体进入面罩。如果漏气，应移动面罩，使其密封垫紧贴在脸上与面部充分接触，并重新紧固头带，确认面罩与面部接触紧密。

注意：普通的眼镜和隐形眼镜不能戴在面罩下，应使用戴眼镜人专用的面罩。

C　注意事项

呼吸器有以下情况之一时不能使用：

（1）呼吸器的部件外部检查有缺陷。

（2）气瓶未检定或不在检定周期内。

（3）报警器不能鸣响。

（4）压力表指示的气压不正常（气瓶气体不足）。

（5）漏气（气体压力不能维持）。

使用过程中有以下情况之一时，要马上撤离作业场所：

（1）呼吸器工作有异常。

（2）感觉呼吸不正常。

（3）报警器开始报警。

5.3.2.4　长管呼吸器

长管呼吸器属于作业型呼吸保护装具，主要用来防御吸入有害气体、粉尘、烟雾等污

染物质，并有效抵御缺氧危害。对化工、石油化工、制药工业，煤气厂、城建地下施工等
行业，在检查塔罐、地下施工等作业环境，用作职工呼吸保护。

　　A　长管呼吸器的结构

　　气瓶式长管呼吸器是将高压储气瓶内的压缩空气经减压器减压后，通过导气长管和正
压式供给阀，供给佩戴者呼吸的安全防护装备。可根据使用情况确定气瓶容积大小，使用
时间视气瓶容积大小而定。长管呼吸器包括全面罩、供气阀、肩腰固定带、橡胶长管、减
压器、高压气瓶，如图 5-17 所示。

图 5-17　长管呼吸器的结构

　　B　长管呼吸器的使用和保养

　　长管呼吸器的选用和使用、保养必须符合国标《呼吸防护　长管呼吸器》（GB 6220—
2009）的相关规定。

　　（1）在使用前必须检查送风式长管面具各连接口，不得出现松动，以免漏气而危害使
用者的健康。

　　（2）请将插入面罩一端的适当长度软管先穿入安全腰带上的带扣中，收紧腰带，使长
管固定于腰带上，防止拖拽时影响面罩的佩戴。

　　（3）检查整机的气密性。用手封住插入送风机一端的接头吸气，感觉憋气说明面罩的
气密性良好。然后插入送风机软管插座，同时开启送风机，将新鲜空气输入面罩供使用者
呼吸。

　　（4）送风机使用前应实现可靠接地。

　　（5）每次使用后应将面罩、通气管及其附件擦拭干净，并将长管盘起放入储存箱内。
储存场所环境保持干燥、通风、避热。

　　（6）面罩镜片不可与有机溶剂接触，以免损坏。另外应尽量避免碰撞与摩擦，以免刮
伤镜片表面。

　　（7）男士在佩戴面具之前应将胡须刮净，以免胡须影响面罩的佩戴气密性。

　　（8）长管面具应由专人保管，定期检查。发现问题应及时维修，必要时更换损坏的零
部件。

　　（9）使用时让长管进气口远离有毒有害气体污染的环境。

C 注意事项

出现以下情况时，应立即停止工作并撤离现场：

（1）呼吸困难时。

（2）由于有害气体，发困时。

（3）闻到有害气体味道时。

（4）由于有害气体，眼睛、鼻子、嘴等部位受到刺激时。

（5）出现空气流量的异常情况或停止空气供气时。

（6）由于出现停电、故障等原因，停止运行时。

5.3.3 自动苏生器

5.3.3.1 自动苏生器的结构

自动苏生器是一种自动进行下负压人工呼吸的急救装置，能自动将氧气输入患者的肺内，然后又将肺内的二氧化碳气体抽出，并连续工作。它还附有单纯给氧和吸引装置，可供呼吸机能尚未麻痹的伤员吸氧和吸除伤员呼吸道内的分泌物或异物之用。

自动苏生器具有体积小、重量轻、操作简便、性能可靠、携带方便等特点，是一种比较理想的有毒气体中毒事故的救护仪器，适于抢救呼吸麻痹或呼吸抑制的伤员，如胸部外伤、一氧化碳或其他有毒气体中毒、溺水和触电等原因所造成的呼吸麻痹、窒息或呼吸功能丧失、半丧失伤员的急救。因此，它成为煤气及其他有毒气体救护单位必不可少的抢救和急救的仪器。

工厂常用的 ASZ-30 自动苏生器，由 18 个主要部件组成：面罩、开口器、夹舌钳、口咽导气管、自动肺、氧气瓶、配气阀、头带、吸引管、引射器、吸引瓶、呼吸阀、储气囊、高压导管、扳手、小活扳手、减压器、校验囊。其工作原理见图 5-18。

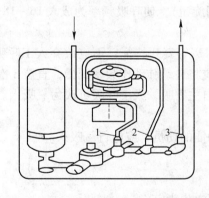
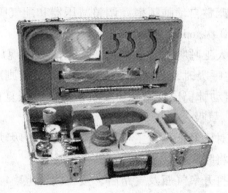

图 5-18　自动苏生器原理图

高压氧气由氧气瓶经减压器进入配气阀，在配气阀上有 3 个接头，带喷嘴的接头 1 与唾液瓶相连接，并用细的吸引胶管经遇难人的鼻孔插入口腔内。利用喷嘴喷射造成的负压吸取堵塞于呼吸道内的黏液或污物，这一工作要在人工呼吸前进行；接头 2 与自动肺相连接，以便对窒息人员进行人工呼吸；接头 3 与带调节气囊的面罩相连接，用于对已恢复能力的伤员补给氧气。

5.3.3.2　自动苏生器的使用操作

（1）施行人工呼吸前的准备工作。

1）安置伤员。将伤员安置在空气新鲜地点，解除阻碍呼吸的衣物，肩部垫高100～150mm，头部尽量后仰，面部略转向一侧，以利于呼吸道畅通。

2）清理口腔。用开口器从伤员嘴角插入前臼齿间将口启开，用拉舌钳拉出舌头，用药布包住食指，清除口腔中的分泌物和其他污物。

3）清理喉腔。从鼻腔插入吸引管200～240mm，在呼吸道内往复移动，将呼吸道内分泌物及其他污物吸入瓶内。

4）压舌。选择适当压舌器（即口咽导管），将舌拉出，插好压舌器，然后把伤者舌头送回，以防痉挛时咬伤舌头。

（2）利用自动苏生器做人工呼吸。

1）把自动肺同导气管、面罩连接好。

2）打开氧气瓶及气路。

3）将面罩紧压在伤员面部，苏生器开始工作，自动肺交替进行充气与抽气，标杆便有节奏地上下跳动。

4）用手指轻压伤员喉头中部的环状软骨，借以闭塞食道，避免氧气进入胃内。

5）伤员胸部若有明显起伏动作，则说明人工呼吸正常，可将面罩用头带固定。

6）自动肺如果不自动工作，说明面罩不严，漏气；自动肺如果动作过快，并发出急速的"喋喋"声，说明呼吸道不畅通，此时，如已插入口咽导管，可试将伤员下颌骨托起（即下牙床移至上牙床前面），以利呼吸道畅通。如仍无效，则应马上重新清理呼吸道，切勿贻误时间。

7）调整自动肺频率（调整减压器和配气阀旋钮），使呼吸频率为成人16～18次/min，儿童约30次/min。

8）人工呼吸正常进行后，除非伤员出现尸斑等真死特征，不应放弃人工呼吸；伤员出现自主呼吸时，自动肺会出现动作紊乱，则应将自动肺动作频率调慢，直至8次/min以下；如自动肺仍出现紊乱，说明伤员已经恢复自主呼吸，人工呼吸可改为氧吸入。

（3）氧吸入操作。

1）对已经恢复自主呼吸或没有丧失呼吸功能的伤员，应施行氧吸入。

2）将呼吸阀同导气管、储气囊连接。

3）打开氧气瓶及气路后，接在面罩上。

4）调整气量，一般以气囊不经常膨胀也不空瘪为宜。

5）氧气量调节环调至80%，煤气中毒的伤员调至100%。

6）氧吸入时应取出压舌器，面罩松缚，氧吸入不宜过早停止，以防伤员站起昏厥。

5.3.4　高压氧舱

高压氧舱是高压氧疗法的专用设备，向舱内输入压缩空气，形成一个高气压的环境，让病员在舱内高压环境下吸入纯氧。高压氧的临床应用是一氧化碳中毒等窒息性气体中毒的抢救和治疗的有效措施。在通常情况下，一氧化碳引起机体中毒皆归结于碳氧血红蛋白形成后所造成的组织缺氧，因此唯一的"解毒"措施是吸氧以加速体内一氧化碳的排出，而其他措施乃是针对缺氧引起的并发症所采取的。

5.3.4.1 高压氧舱治疗原理

高压氧治疗，是在高于大气压力的环境中用高浓度氧气（浓度大于50%）治疗疾病的方法。目前，高压氧已成为抢救重危患者，防治某些常见病、多发病的有效疗法，尤其是在煤气中毒等窒息性气体中毒方面的急救和治疗，已得到较普遍的应用和推广。

高压氧的急救和治疗，是在一特制的耐高压的密封舱（即高压舱）内进行（见图5-19），舱内可用高压空气加压，也可用纯氧直接加压，使舱内气压达0.2~0.3MPa。此种急救和治疗法能够明显提高血氧含量（见表5-2）。

图 5-19　高压氧舱及内景

表 5-2　气压与血红蛋白携氧饱和度、血浆溶氧量及血氧总容积的关系

气　压	血红蛋白携氧饱和度/%	每100mL血浆溶氧量/mL	每100mL血浆血氧总容积/mL
正常大气压吸入空气	90	0.31	19.1
正常大气压吸入纯氧	100	1.80	21.5
0.2MPa下（表压1.0kg/cm²）吸入纯氧	100	3.8~4.2	23.6
0.25MPa下（表压1.5kg/cm²）吸入纯氧	100	4.7~5.2	23.6
0.3MPa下（表压2.0kg/cm²）吸入纯氧	100	5.0~6.6	23.6

由表5-2可见，高压氧之所以能增加机体的血氧含量，主要是提高了血液中溶解的氧含量。在0.25~0.3MPa纯氧状态下，血液溶氧量较常压下吸入空气要高15~20倍，血中溶解氧的增加量几乎与正常情况下中心动静脉之氧差相近（每100mL血溶氧量为6.7mL），可在单位时间内将组织的供氧量增加到几乎为其耗氧量的一倍，这对于纠正组织的缺氧状态无疑是有重大帮助的。血液中氧分压的提高特别有助于氧在组织中的弥散，

有助于发生水肿的组织细胞的供氧。

因此，这种高压氧疗法对于一氧化碳中毒等窒息性气体中毒的抢救有重大作用。一般在 0.3MPa 气压下吸纯氧，一氧化碳的清除比常压下吸氧快 2～2.5 倍，比常压下吸空气快 7 倍。在 0.3MPa 气压下吸氧 10min，碳氧血红蛋白可从 66.5% 降到 33.2%，吸氧 30min，碳氧血红蛋白可降到 3.2%。

5.3.4.2　高压氧舱使用过程中可能发生的副作用

在使用高压氧舱的过程中，高压环境及高分压的氧对人的机体来说毕竟是一种特殊因子，如操作使用不当，对机体可能产生损伤作用（或副作用），常见的有如下几种：

（1）气压损伤。机体各组织器官因加压不等而引起的损伤为气压损伤，如听觉障碍、鼻窦损伤、牙痛、肺部损伤（因进行高压氧治疗时，不准屏气或停止呼吸）等等。

（2）氧中毒。在 0.15～0.2MPa 气压条件下，吸氧时间稍长（2～4h），会发生以呼吸器官的炎症为主的损伤作用，此称为"肺型氧中毒"；吸入较高压力的氧气（0.2～0.3MPa），常可引起中枢神经系统的损伤，此为"中枢神经氧中毒"。故治疗中应避免使用过高压力。

（3）减压症。主要发生于用空气加压的情况下，纯氧加压则此种副作用较小。

（4）二氧化碳中毒。高压氧舱的换气能力不足，常可因二氧化碳积聚而引起类似缺氧症状。

（5）氮酩酊。此乃高分压的氮溶解在组织中所引起的症状。

（6）禁忌症。

1）绝对禁忌症：未经处理的恶性肿瘤（包括已转移者），未经处理的气胸。

2）相对禁忌症：肺部疾患患者（包括感染损伤、出血、有明显的肺气肿、肺大泡、自发性气胸）；上呼吸道感染，急性、慢性鼻窦炎，中耳炎，耳咽管不通等；颅内活动性出血或内出血未控制者；高血压（在 160/100mmHg 以上）患者；某些急性或接触性传染病；原因不明的高热未能控制者；孕妇及月经期的妇女；有氧中毒史或对高氧耐受较差者。

5.3.4.3　高压氧舱的分类

常见的高压氧舱有两种：

（1）单人舱。单人舱体积小，只容纳一个病员，舱内充满高压氧气，病员在舱里直接吸纯氧。其特点为造价较低，便于移动。

（2）多人舱。舱的体积大，分为三个舱室，最大的可进行外科手术，称为手术舱；可容纳一批病员同时进行高压氧治疗的，称为治疗舱；通过平衡气压的方法，允许医务人员进出手术舱、治疗舱的小舱称为过渡舱。

5.3.4.4　高压氧舱使用过程中的注意事项

（1）进舱人员必须经体检符合要求才能进舱加压，禁忌症患者不得进舱加压治疗。

（2）操舱人员应向进舱人员认真介绍进舱加压注意事项，讲明对讲通话和呼叫信号的使用方法、吸氧和面罩佩戴要求及应急情况的急救措施。

（3）向进舱人员讲明舱内防火的重要性，要求进舱人员主动交出火种及贵重物品。

（4）进舱人员应穿软质拖鞋，禁穿化纤织物的衣物。

（5）高压氧舱的环境，要求清洁卫生、禁油、禁火。

5.3.5 氧气充填泵

氧气充填泵（见图5-20）主要用于充填氧气呼吸器和压缩氧自救器的高压储气瓶的气体增压泵。它是将大储气瓶中的氧气或其他非燃性气体升压充填到另一储气瓶内，可自动控制充填压力，广泛应用在医疗、消防、航空、石化、冶金、船舶等领域使用气体的场所。

图5-20　氧气充填泵

5.3.5.1 工作原理

整机工作原理是通过压缩机上的柱塞不断地往复运动来完成对待充气瓶的氧气充填工作，在一、二级气缸的两端均装有吸气阀、排气阀，其作用是控制气流的方向，吸、排气阀的质量对充气效率有较显著的影响。当一级柱塞向下运动时，一级气缸内的气体随之膨胀，压力降低，当一级气缸内的压力低于大氧气瓶内气体的压力时，一级吸气阀自动开启，气体由气源瓶流入一级气缸内；当一级柱塞向上运动时，气缸内气体被压缩，压力升高，当其压力大于二级气缸内气体压力时，一级气缸的排气阀和二级气缸的吸气阀均打开，一级气缸内气体便流入二级气缸内；当二级气缸内柱塞向上运动时，二级气缸内的气体被压缩，压力升高，当其压力大于被充气瓶内气体压力时，经二级排气阀通过气水分离器上的单向阀、充气开关流入到被充气瓶内，即完成一次充气。

5.3.5.2 氧气充填泵的安全操作

（1）氧气充填泵应选择在干净无灰尘的房间内进行工作，使用地点温度不得低于0℃。

（2）充填泵可用螺栓固定在水平基台上，也可放置在水平基台上。充填泵与基台间放置减振的厚橡胶板，与基台接触应平稳。

（3）严禁任何脂肪物体同与水、甘油润滑液相接触的零件接触。

（4）在首次使用前，应将机械油注入机体内，并在每次更换机械油后，必须将机体外部的油脂擦拭干净。绝不允许油从上、下机体的接合处、各密封环处及密封罩处往外渗漏。

（5）使用地点严禁吸烟，应建立严格的禁火、禁油制度。充填工必须穿着没有油污的洁净衣服，工作前必须用肥皂将手洗净。

（6）使用的所有工具必须经过清洗除油后，再用棉纱彻底擦干净。

（7）电动机接线必须良好，网路内应置有保险丝和接地线。室内照明应安装防爆型灯罩。

（8）凡是与氧气及水、甘油润滑液相接触的零件，应定期进行清洗，充气前用压缩氧气吹净。清洗材料有乙醚、酒精、四氯化碳、航空汽油。

（9）氧气充填工必须定期对输气瓶内的氧气质量、输气瓶和小氧气瓶的安全性能进行认真的检查。输气瓶存放处同充气操作地点之间，应有可靠的安全隔离设施。

（10）氧气瓶必须每 3 年进行 1 次耐压试验。新购进或经水压试验后的氧气瓶，须在充填前稀释 2～3 次后，方可进行充氧。

（11）氧气瓶应轻拿轻放，与暖气片和高温点的距离应在 2m 以上。

（12）氧气充填工作必须由经过专业培训的人员担负，非专职人员不准擅自进行充氧操作。

（13）在充填泵工作前，应认真检查各部位是否清洁可靠。用肥皂水检查各处是否漏气。如发现不良现象应及时设法排除，以免降低充气效率或发生危险。

（14）检查曲轴旋转方向与皮带罩上的箭头方向是否一致。

（15）检查单向阀。首先启动电动机，关上集合开关，进行充气，应观察各压力表的变化情况：如果一级排气压力和一级进气压力接近或相等，说明一级气缸的吸、排气阀失灵；如果二级排气压力和一级排气压力接近或相等，说明二级气缸的吸、排气阀失灵。

（16）安全阀可靠性检查。启动电动机，关上集合开关，进行充气，充气压力达规定值时（一般为 31～33MPa），安全阀应自动开启排气。

（17）分别接上输气瓶及小氧气瓶。打开集合开关，使输气瓶内氧气自动流入小氧气瓶内，直至压力平衡为止。

（18）关上集合开关，启动电动机，进行充气要注意观察各压力表的变化，直到小氧气瓶内的压力达到需要为止。当充气压力为 30MPa 时，必须选用和确认耐气压为 30MPa 的小氧气瓶。

（19）打开集合开关，关闭小氧气瓶开关及接小氧气瓶开关，并打开放气开关，放出残余气体后，卸下小氧气瓶。

（20）再次充气时，应按上述重复进行。

（21）应接好冷却水箱的自来水，并使之畅通无阻，以便降低温度。

（22）充气时，气缸表面温度升高较快（约 60～70℃），属正常现象。

（23）每次充气前应将充填泵空转几分钟，观察各部位运行是否正常，运行正常后方可进行充气。充气时，如发现有噪声及其他不正常现象，应立即停止充气，查明原因，及时处理。

（24）确定电接点压力表自动停泵的控制压力应大于安全阀的排气压力，即在正常情况下，应由安全阀起作用，电接点压力表的自动控制仅在例外情况下起安全保护作用。

（25）小氧气瓶与输气瓶压力比一般为 2～3 时最为经济，当其中一个输气瓶压力较低时，可先用它来充气，充到一个阶段后，再利用压力较高的一个输气瓶充气。

（26）充填泵工作完毕后，应切断电源，关闭输气瓶开关，由气水分离器放出冷却水。

5.3.6 空气充填泵

呼吸用压缩空气充填泵（见图 5-21）用于给空气呼吸器气瓶、校验台或其他设备提供高纯度的压缩空气。

图 5-21 空气充填泵

空气充填泵安全操作规程：

（1）空气充填泵应干净无油污，保持室内温度不低于 5℃。

（2）操作地点应禁止烟火，工作人员不得披散长发，不得穿着宽松的衣服或佩戴珠宝，按标准穿戴好劳动防护用品，衣着要洁净无油污并严格遵照禁烟、禁油制度，维护使用设备。

（3）电动泵的接线必须良好，网路内应置有保险丝和接地线，发现漏电时应及时处理。

（4）空气充填工作前应仔细检查润滑、冷却系统液位是否符合标准，如发现异常必须及时维护检修，不得勉强使用。

（5）检查确认电动机的配件是否牢固，压缩机转向与皮带机上的箭头方向是否一致。

（6）安全阀检查：顺时针拧，阀门在较高压力下开启，逆时针拧，阀门在较低压力下开启。任何充气前，都应检查安全阀。

（7）检查冷凝物排放阀，先将冷凝物排放干净，充气时要关紧。

（8）充填泵放置必须保持水平（最大倾斜度不得超过 ±5°）。

（9）每次使用前必须进行油位检查，确认油位必须介于最小和最大标记之间。确认充填室内空气不被污染。

（10）管路检查：所有的管子必须良好未受损坏，连接螺纹配套，要特别留意高压充气管接头的磨损情况，如果橡胶已划伤，充气管不能再用。

（11）连接气瓶：确认将气瓶与充气阀连接牢固，打开充气阀，打开气瓶瓶头阀，为气瓶充气，充气过程中需检查冷凝水是否定期排出。

（12）当充填达到气瓶要求压力（28MPa）时，首先关闭气瓶瓶头阀，然后通过将手柄回转至关闭位置来关闭充气阀，卸压后卸掉压缩空气瓶。

5.3.7　氧气呼吸器校验仪

氧气呼吸器校验仪是专门为正压式氧气呼吸器技术性能进行校验的装置，也可对负压式氧气呼吸器及混合气体呼吸器进行校验。校验仪采用电动气泵进行抽气和充气。它可以对整机正压气密性、流量、自动补给及手动补给等进行校验，也可以检验组部件的性能。校验仪由主机和工具箱组成，如图 5-22 所示。

图 5-22　正压式氧气呼吸器校验仪

5.3.7.1　正压式氧气呼吸器校验仪的用途

正压式氧气呼吸器校验仪主要用于检测各类正压氧气呼吸器及其组件的性能，也可用于检测气体压力、流量。该校验仪能够全面检验正压式氧气呼吸器标准所规定的全部技术性能。

主要功能有：

（1）校正压力表的准确性。

（2）调整并检验安全阀的开启性能。

（3）检验定量孔的性能。

（4）检验减压器膛室压力。

（5）完成对定量供氧量、低压气密性、排气压力、自补阀开启压力等整机性能的检验。

（6）测定自动补给及手动补给流量。

（7）调整定量供氧量。

（8）检验呼吸器的正压特性。

5.3.7.2　正压式氧气呼吸器校验仪执行标准

产品执行企业标准 Q/AG 02—2004 和煤炭行业标准《煤矿用风速表》（MT 380—

2007）。符合防爆规程《爆炸性气体环境用电器设备》（GB 3836.1—2010，GB 3836.4—2010），防爆形式为矿用本质安全型。

5.3.7.3　正压式氧气呼吸器校验仪工作原理

校验仪抽气和充气用气源均由气泵提供。呼吸器口具三通接口用口具塞同校验仪相连，空气或呼吸器内的气体经气泵的进/出气口进入气路开关后到充气转换开关，经转换开关后的气体进入到气泵接口并由此经口具三通盖软管直接进入呼吸器低压系统内。通过变换阀的动作来改变气流流向，以实现向呼吸系统内充气和抽气。

5.3.7.4　正压式氧气呼吸器校验仪使用方法

（1）校验呼吸器各项参数前，应首先准备好仪器，使其能正常工作。取下校验仪箱盖。打开注水口处的螺盖，由压力计上端的注水口注入一定量的水将校验仪内的污水排净后，拧紧螺盖，继续注入水的同时观察水柱计液面高度是否达到零位，尽量使压力计内水位最低面同零位线平齐。另外可以调节面板上的"零位调节"旋钮微调水位（向左旋转可使水位下降，向右旋转可使水位上升）。然后接通220V电源，再用连接橡胶管把呼吸器三通口与校验仪胶塞连接起来。

（2）呼吸器整机正压气密性校验。将呼吸器（以 HYZ4 4h 正气氧气呼吸器为例，其余呼吸器操作方法基本一样）的口具接口用校验仪配备的胶塞塞好，胶塞上的软管一根同压力计接口相接（可以先将这根软管夹住），另一根同气泵接口相接。

打开电源开关，可以听到气泵工作时的声音，拉出气路开关拉杆和换向阀开关拉杆，此时可以看到气囊开始向外慢慢鼓起，将取下口具盖放在呼吸器气囊背板上并盖在排气阀的排气针处使排气阀针杆不受气囊的压力，当气囊快接近口具盖时，松开夹住压力计的那根软管，并注意观察水柱液面的变化，当液面升到800Pa（80mmH$_2$O）以上时，迅速将气路开关的拉杆推入面板，关掉电源，观察水柱液面的下降速度，每分钟不超过30Pa（3mmH$_2$O）为合格。

（3）自动补给阀的开启动作压力校验。呼吸器同校验仪的连接方法同（2）所述不变。打开氧气瓶阀，打开电源开关，气路开关的拉杆拉出面板，换向阀开关拉杆推入面板，校验仪将呼吸器低压系统内的气体抽出，同时可看到气囊向内瘪下去，并注意观察水柱液面的变化。当水柱计液面降到一定位置时，迅速将气泵接口管拔下排空，关闭电源开关，同时打开氧气瓶阀门。当水柱计液面降到一定位置时，就不再继续下降，此时水柱计的压力值就是自动补给阀的开启动作压力值。关闭电源、气路开关及氧气瓶阀门。

（4）排气阀的开启动作压力。呼吸器同校验仪的连接方法同（2）所述不变。拉出气路开关拉杆和换向阀开关拉杆，此时可以看到气囊开始向外慢慢鼓起，到气囊背板向上接触到排气阀门阀针杆时，排气阀开始排气并注意观察水柱液面的变化。此时将"气泵接口"管取下并关掉电源开关，同时打开氧气瓶阀门。当水柱计液面上升到一定位置不再上升时，此时水柱计的压力值就是排气阀的排气压力值。关闭气路开关及氧气瓶阀门。

（5）呼吸器减压器的定量供氧量校验。接好胶管，取下正压弹簧，先往气囊内充气，等气囊上鼓快接近排气阀门杆时关掉气泵电源及气路开关，将呼吸器氧气瓶阀门打开，观察流量计浮子上升情况，待浮子稳定后即为呼吸器减压器的定量供氧量。

（6）呼吸器组部件的校验。校验清净罐的气密性、冷却器的气密性、正压气室的气密性、呼吸软管气密性、全面罩的气密性（配专用校验设备）。

5.3.7.5　正压式氧气呼吸器校验仪校验的内容

（1）正压氧气呼吸器低压系统。呼吸器整机正常情况下的气密性；呼吸器自动排气阀的开启动作压力；呼吸器自动补给阀的开启动作压力；呼吸器减压器的定量供气量。

（2）呼吸器其他组件。清净罐的气密性；冷却器的气密性；正压气囊的气密性；呼吸软管的气密性；全面罩的气密性（需与相配套的人头模型使用）。

5.3.7.6　正压式氧气呼吸器校验仪使用注意事项

（1）在校验仪长期不用或打包运输时，拧开放水口螺盖，将仪器内的水放尽后再拧紧。

（2）校验呼吸器正压气密时，应注意避免使水柱液面上升或下降幅度过大，以免水喷出或被吸入呼吸器系统内。

5.3.8　空气呼吸器校验仪

空气呼吸器校验仪（见图5-23）是安防行业中在使用空气呼吸器之前进行全方位检查用的仪器，可对各种类型的空气呼吸器进行检测，同时电脑软件可指导使用者按步骤操作，简单、易学，使用方便，检测结果自动记录储存在数据库中，并可打印存档。"快速"测试能在1min内检测一套呼吸器，每次只用掉不到1%的瓶中空气。

图5-23　空气呼吸器校验仪

5.3.8.1　空气呼吸器校验仪主要检测内容

检测内容包括面罩密封性、呼吸阻力、减压阀气密性、输出压力、供气阀气密性、供气阀输出流量、报警压力、安全阀开启压力等。

5.3.8.2　空气呼吸器校验仪的主要测试项目及技术性能

主要项目包括：完整的目测；面罩泄漏率测试；高压泄漏测试；静态面罩压力测试；首次呼吸压力测试；呼吸阀开启压力测试；动态压力测试；压力表测试；报警精度测试；旁通气流测试。

主机功率：<100W；压力测试精度：±1%；呼吸气量精度：±5%；

呼吸频率精度：±5%；使用环境：环境温度 0～30℃；相对湿度：＜85%；电源：220～240V，交流 50Hz。

配置包括模拟人工肺 1 台，头模 1 个，计算器 1 台，操作软件 1 份。符合公安部检测合格标准。

5.4 煤气防护检测

煤气检测是煤气安全的"眼睛"。通过检测煤气成分的组成、煤气中的氧含量、作业环境空气中的一氧化碳含量、易燃易爆气体的含量以及其他有害气体的含量，可以正确判断煤气设备、煤气操作和作业环境的安全度，为采取监控技术与预防措施提供依据。

5.4.1 煤气检测监控

对煤气有效的检测监控，可以做到预防为主。煤气作为有毒危险性气体的一种，检测大致分为以下几类：

（1）生产分析检测。煤气生产中需要对其成分进行分析和检测，掌握其成分，对合理利用煤气起到积极的指导作用。

（2）进入检测。当工作人员进入煤气区域或隔离操作间时，对煤气的检测。

（3）巡回检测。安全检查时，要检测有毒有害气体。

（4）泄漏检测。对有毒有害气体或液体（蒸气）的设备管道泄漏进行现场检测，即设备管道运行检漏。

（5）检修检测。设备检修置换后检测残留有毒有害气体或液体（蒸气），特别是动火前检测更为重要。

（6）应急检测。生产现场出现异常情况或者处理事故时，为了安全和卫生要对有害气体或液体（蒸气）进行检测。

5.4.2 煤气检测方法

煤气检测方法有：

（1）化学分析法。利用煤气中的各种成分与相应的化学物质反应来分析煤气各种成分的百分含量，常用的有奥氏分析法。

（2）电化学传感器。当气体通过半透膜进入传感器时，在电解质的作用下，电化学传感器的收集极收集电子，形成微弱电流，通过放大线路，再经过模拟量与数字量之间的相互转换，即可从液晶显示屏上直接读出所测气体的浓度。这就是监测报警仪器的应用原理。电化学传感器反应灵敏、准确。目前被广泛应用于工业检测技术。

此外，还有红外分析仪法、氧化锆法测氧法、顺磁法测氧法、热催化法测可燃气法、检测管法、气相色谱分析法等。

5.4.3 检测仪器、设备

长期以来，多采用鸽子、检测管、爆发筒、固定式报警器或便携式报警器对煤气进行系统、区域或定点目标监控，由于鸽子的耐受力比人强，容易造成错误判断，故现在已经不再使用。

5.4.3.1 爆发试验筒

煤气爆发试验筒应用广泛，尤其是在中、小企业使用较多。它是直径 100mm、长 400mm 的圆筒（如图 5-24 所示）。取煤气样时，手握环柄，拔下盖子，打开旋塞，将筒口向下套在煤气系统末端取样口上，煤气便从下口进入，将筒内气体从排气管驱赶出去；待筒内完全充满煤气后，关上旋塞，移开取样口迅速盖上盖；到安全地点，划火柴后拔下盖子，从下口点燃筒内煤气。如果点不着，表明煤气管道、设备内空气过多；如果点燃，有爆鸣，表明煤气管道、设备内已达到爆炸浓度，气体为爆炸性混合气体；若点燃后能燃烧直到试验筒顶部，表明煤气管道、设备内主要是煤气，达到合格要求。这样的爆发实验至少连续三次合格，才能证明煤气设备内煤气纯净度为合格。

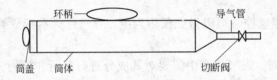

图 5-24 煤气爆发试验筒

煤气爆发试验筒的优点：使用比较直观。

煤气爆发试验筒的缺点：

（1）携带不方便，做爆发试验煤气种类有局限性，只适用于热值高、燃点低的煤气，如焦炉煤气、热值较高的混合煤气等。

（2）笨重，取样不方便，单人无法操作，取样时易大量泄漏煤气，造成取样人员煤气中毒。

（3）做爆发试验时易酿成烧伤危险。

（4）高空作业取样后传递危险性大，无法携带，传递时间长易形成假象。

（5）煤气管道、设备置换不合格时，反复做爆发试验耽搁时间长。

（6）无法连接仪器监测氧含量等。

（7）要经专业培训后才能操作。

5.4.3.2 球胆点火试验

球胆替代爆发筒做点火试验，在济钢已经成功研究应用，解决了使用单一高炉煤气、单一转炉煤气的生产设备如焦炉、竖炉、动力锅炉、轧钢用加热炉、石灰炉、生产中间环节的钢包烘烤等等传统爆发筒煤气测定技术设施无法使用的问题。其优点是，质软、轻巧、体积小，携带方便，使操作工人操作时脱离了携带庞大工具操作的危险性，取样方便，可单人操作，高空作业取样后传递危险性小，封闭严密，长时间不易形成假象。

5.4.3.3 便携式 CO 监测报警仪

便携式 CO 监测报警仪（见图 5-25）分为不带记忆型和带记忆型两种：不带记忆型监测报警仪可在现场直接给出气体浓度，但不能储存数据；带记忆型监测报警仪既可在现场直接给出所测气体的浓度，又可以把所测数据储存起来供以后查看。便携式报警仪还有组合型的，有"二合一"、"三合一"、"四合一"等组合型，一台仪器可以同时监测几种气体。

图 5-25 便携式 CO 监测报警仪

5.4.3.4 固定式监测仪器

固定式监测仪器（见图 5-26）有在线测试型和扩散型两种，前者监测生产线中的气体，后者用于监测气体的泄漏情况。检测探头有多种形式，标定方法也各不相同，有的要求在清洁环境中标定，有的在现场就可以标定。

图 5-26 固定式监测仪器

6 煤气系统日常管理

6.1 煤气设备、设施的日常操作

6.1.1 煤气操作基本要求

（1）严格执行《工业企业煤气安全规程》（GB 6222—2005）及相应的管理规定，严格标准化作业。

（2）煤气生产、输配、使用单位应对本单位煤气设备、岗位、区域认真做好危险辨识，划分危险等级，加强管理和防护。

（3）凡用软管连接引导煤气，软管段严禁留有接口，必须设有切断装置，并对接口进行捆扎，定期检查有无老化和泄漏现象，发现异常及时处理。

（4）煤气放散时要注意煤气对周围作业环境的影响。

（5）凡实施整体或大面积包焊的煤气管道，夹层应增设吹扫点和放散点，整体包焊利用加强板作支撑时，加强板上应留有不少于 3 个（等距离）的通气孔，以备置换处理夹层滞留煤气。

（6）煤气管网上的排水器应采用防泄漏式排水器，水位必须保持有效高度，并定期检查测试排水止气阀的有效性，检查时应将排水器顶部排气阀开启，排除器内积聚气体，降低器内压力；冬季应采取保温防冻措施，采用电伴热带式保温的排水器，应经常检查伴热带的绝缘性，防止绝缘层老化漏电发生危险，使用期间应定期检查、检测、维护和更换。

（7）使用煤气的炉窑点火作业时，必须严格落实安全措施，做到统一协调指挥。

（8）打开煤气管道、设备时，应采取防止沉积物自燃的措施，如充氮气、蒸汽或打水等，充氮气时应有防止氮气导致窒息的措施。

（9）凡进入煤气容器等受限空间作业，严格执行有关受限空间作业安全管理程序，必须可靠切断煤气来源，用蒸汽或氮气置换，并自然（强制）通风，办理相关手续后，经过 CO、O_2 含量测试合格〔CO 含量不超过 $30mg/m^3$（24ppm）可较长时间工作，不超过 $50mg/m^3$（40ppm）连续工作时间不得超过 1h，不超过 $100mg/m^3$（80ppm）连续工作时间不得超过 30min、不超过 $200mg/m^3$（160ppm）连续工作时间不得超过 15～20min。注：每次工作时间间隔至少 2h 以上；O_2 含量应不小于 19.5%〕方可入内工作，并设两人以上专人监护，作业和监护人员必须佩带一氧化碳监测报警仪和正压式空气（氧气）呼吸器。

（10）进入煤气柜等发生危险不能快速逃生和救援有困难的高危险密闭空间作业，必须严格执行相关受限空间作业安全管理办法，且进入气柜前必须进行实验和确认气柜内吊笼、外部电梯等完好运行顺畅，并设专人操作看管，操作看管人员严禁擅离职守，内外必须有可靠的快速直通联系方式（如对讲机等），入柜作业所有人员必须每人携带一台防毒仪器。入柜作业必须限定作业人数，作业方案内必须明确满足作业需求的最少作业人数。

（11）高炉干法除尘箱体前后密封插板阀箱体应增设均压装置，防止密封插板阀阀板密封胶圈被冲刷损坏造成煤气串漏发生事故。

6.1.2　停煤气安全操作

（1）煤气生产、输配、使用单位必须制定完善的停煤气操作方案和安全措施。

（2）煤气管网、设备停煤气作业，停用部分，必须与在用部分使用盲板阀或盲板可靠切断。作业前，必须检测合格、填写相关作业票。

（3）停煤气操作前必须通知用户停止使用煤气，待关闭支管阀门和仪表，做好必要的准备，经确认后，在规定的时间内进行停煤气操作，做好残余煤气的处理工作。

（4）检修项目完工，备用设备在备用状态时，必须实施可靠切断煤气，并经氮气置换合格（含氧量不超过1%）后，方可备用。

6.1.3　送煤气安全操作

（1）送煤气前必须制定引送煤气方案和安全措施。

（2）送气前要全面检查，经严密性试验合格，通知用户关闭人孔，排水器充满水保持溢流，关闭炉前烧嘴，打开末端放散管，经确认无误后方可进行下一步操作。

（3）送煤气前，通入蒸汽或氮气进行管道置换，达到要求后，关闭蒸汽或氮气（吹扫完毕严禁关闭放散管，防止管线蒸汽冷凝形成真空抽瘪管道或设备），随即渐开煤气阀门（阀门开度的1/5处）开始送煤气（待引送煤气合格后方可将阀门开启到满足生产的最大程度），末端放散5~10min，从管线末端取样，经做爆发试验、含氧量分析（含氧量不超过1%），三次合格后，停止放散。

（4）送煤气后应检查所有连接部位和隔断装置等是否泄漏。

6.1.4　点火安全操作

（1）煤气管线引送煤气合格后，方可实施炉窑点火。炉窑点火作业必须由专业技术人员组织，按照炉窑点火技术操作规程和安全规程要求，认真落实安全措施后方可实施炉窑点火作业。

（2）炉窑点火必须实施《使用煤气炉窑点火作业票》（见表6-1），点火时，炉内系统应保证一定的负压，点火前必须监测炉膛内可燃性气体含量，确认炉膛内无可燃爆炸性混合气体。

（3）点火程序：必须先点火后送煤气。严禁先送煤气后点火。凡送煤气前已烘炉的炉子，其炉膛温度超过1073K（800℃）时，可不点火直接送煤气，但应严密监视是否燃烧。

（4）送煤气时不着火或着火后又熄灭，应立即关闭煤气阀门，查清原因，排净炉内混合气体，监测炉膛，确认无爆炸危险，再按规定程序重新点火。

（5）凡强制送风的炉子，点火时应先开启鼓风机，打开放散管吹扫管线，但不送风，待点火送煤气燃着后，再逐步增大供风量和煤气量，停煤气时，应先关闭所有的烧嘴，然后再停鼓风机。

表 6-1　某厂使用煤气炉窑点火作业票

单位：　　　　　　　　　　　　　　　　　　　　　　　　　　　　　　No：＿＿＿

申请单位		计划点炉时间	年　　月　　日　　时　　分			
炉窑名称						

炉窑点火操作要求：

炉膛可燃性气体检测情况：

检测时间	检测点	气体类别	检测结果	检测人	点炉确认人
时　分					
时　分					
时　分					

点炉作业负责人意见：

　　　　　　　　　　　　　　　　　　　　　　　　点炉作业负责人签字：
　　　　　　　　　　　　　　　　　　　　　　　　年　　月　　日　　时　　分

监管专业负责人意见：

　　　　　　　　　　　　　　　　　　　　　　　　监管专业负责人签字：
　　　　　　　　　　　　　　　　　　　　　　　　年　　月　　日　　时　　分

点炉前煤气经做爆发试验或含氧量分析三次是否合格（含氧量小于1%）					
取样时间	取样地点	气体类别	检测结果	检测人	点炉确认人
时　分					
时　分					
时　分					

注：该作业票一式两份，第一联由检测方留存，第二联由炉窑点火方留存。

（6）点火时，煤气压力必须在 1000Pa 以上，低于 1000Pa，停止使用（煤气发生炉另有规定的从其规定）。

（7）操作人员必须坚守岗位，防止煤气熄火、回火、脱火等造成事故。

6.1.5　带煤气作业安全注意事项

（1）凡带煤气作业，作业人员必须佩带防护、监测仪器，进入现场前必须检查确认防护、监测仪器的有效性，做到好用。

（2）夜间不准带煤气作业，特殊情况下，若在夜间进行，应设两处以上投光照明，照明应防爆且距施工作业地点 10m 以上，并保证足够照度。

（3）带煤气作业不准在低气压、大雾、雷雨天气和具有高温热源的炉窑、构筑物内进行。

（4）操作时有大量煤气逸出，应警戒周围环境，40m 内为禁区，有风力吹向下风侧应视情况扩大禁区范围。

（5）凡煤气带压进行危险作业，因压力过高，威胁到附近岗位人身安全和施工的顺利进行时，必须通知煤气管理单位和生产单位降低煤气压力，并做好周围人员的疏散。

（6）原则上不宜带压抽堵盲板作业，高炉煤气因工艺缺陷无法停煤气，煤气压力一般应维持在1000Pa以下，并有防止压力过高发生危险和压力波动太大的措施，严格落实后方可实施。焦炉煤气、转炉煤气、铁合金煤气严禁带压抽堵盲板作业。

（7）带煤气动火作业，必须严格执行《煤气管网、设备动火安全规定》中有关条款（见附件1　某厂的煤气管网、设备动火规定）。

（8）室内带煤气作业，必须强制通风，室内严禁一切火源，室外40m之内为禁火区。

（9）带煤气作业时不准穿钉子鞋及携带火柴、打火机等引火装置，现场严禁吸烟。

（10）在高空带煤气作业点作业时必须按标准设立平台、围栏、斜梯、应急用逃生设施；在地下带煤气作业点作业时必须按标准设立斜梯、应急用提升装置等安全设施。

（11）带煤气作业地点的现场负责人应随时掌握煤气压力控制情况。

（12）带煤气作业应使用铜质工具或涂抹黄、甘油的钢质工具。

附件1　某厂的煤气管网、设备动火规定

一、动火手续

1. 凡在煤气管网、设备上动火，必须由管网、设备产权单位提前一天到煤气监管部门办理《煤气管网、设备动火许可证》（见表6-2）。

2. 计划检修动火时间有变动，应向煤气监管部门报告并重新办理《煤气管网、设备动火许可证》。

二、动火前的安全检查与准备工作

1. 在煤气管网、设备上动火，必须严格清理动火区域（距动火点40m）内易燃、易爆物品。

2. 必须认真检查动火区域内煤气可能的泄漏点（如法兰、焊口、阀门、水封等），确认无泄漏。

3. 准备好灭火、降温用品及防毒仪器，如消防器材、氮气、蒸汽、黄泥、湿草袋、呼吸器、监测报警仪等。

4. 制定完善可行的施工方案和安全措施，并认真贯彻落实。

三、带煤气动火

1. 煤气压力不得低于1500Pa（低压管道不低于100Pa），并保持正压稳定。

2. 对煤气管网、设备内的气体介质进行含氧量分析，含氧量不得超过1%。

3. 在动火处附近设临时压力表或利用就近值班室压力表观察煤气压力变化情况。必须设专人看守压力表。当压力低于规定极限时，应立即通知动火现场，停止作业。

4. 带压煤气动火作业有煤气逸出时，必须采取可靠防止煤气中毒、着火、爆炸的安全措施，防止意外事故发生。

5. 在带压煤气管网、设备上动火，只能使用电焊，不准使用气焊。

6. 动火现场除有关管理、操作和监护人员外，其他无关人员一律不得靠近。

四、停煤气动火

1. 必须可靠切断煤气来源，严禁以阀门或水封等代替盲板。

2. 煤气可靠切断后，煤气管网、设备必须用氮气或蒸汽彻底清扫置换，清扫置换完毕要选代表性强的（防止死角）采样点，采集气样并分析，经三次间隔采样分析合格（CO 含量不超过 $30mg/m^3$）后方可动火。

3. 煤气管网、设备在动火过程中必须带有适量氮气或蒸汽，以防管网、设备内其他易燃物质发生危险，并防止氮气逸出造成人员窒息，对蒸汽要防止烫伤。

4. 进入煤气管网、设备内作业，严格执行有关受限空间作业安全管理程序，必须经自然（或强制）通风后进行气样分析，未经许可禁止入内。允许进入时，应采取防护措施并设专人监护。

表 6-2　煤气管网、设备动火许可证

动火详细地点			动火类别	停煤气	
				带煤气	
动火内容					
计划动火时间		年　月　日　时		动火负责人	
实际动火时间	起始：　月　日　时　分			压力看守人	
	终止：　月　日　时　分			动火执行人	
动火管网、设备草图（管网、设备产权单位绘制）：			绘图人：　　　年　月　日　时　分		
管网、设备产权单位安全措施：			现场监护人：　　年　月　日　时　分		
管网、设备产权单位安全部门意见：			现场负责人：　　年　月　日　时　分		
施工单位安全措施：			现场监护人：　　年　月　日　时　分		
施工单位动火执行人意见：			动火执行人：　　年　月　日　时　分		
煤气监管部门意见：			现场负责人：　　年　月　日　时　分		
煤气管网、设备内气样分析记录（CO、H_2、CH_4、O_2 等）					
时　间	取样地点		气体类别及分析结果		分析人
时　分					

说明：该《煤气管网、设备动火许可证》一式三联，第一联由煤气安全监管部门留存；第二联由管网、设备产权单位留存；第三联背面附《煤气管网、设备动火规定》，由动火施工单位留存。

6.2 煤气设备、设施的安装与管理

6.2.1 煤气设备、设施设计要求

6.2.1.1 煤气设备、设施设计原则

煤气设备、设施的设计必须符合国家规定标准，认真贯彻安全设计基本思想，采用先进技术、工艺，应从本质安全出发，做到安全可靠，对笨重体力劳动、密闭空间及危险作业，优先采用机械化、自动化措施，符合有利于逃生、救援、定向扩散、快速切断、远距离控制、动态检测、集中监控、免维护的原则，降低作业风险，以提高安全可靠运行程度。

6.2.1.2 煤气设备、设施安全装置配置

（1）煤气工艺、设备等设计应首先通过规划、设计来消除危险或减少危险，达到管理活动可以接受的水平，进一步完善煤气安全装置和监测报警装置。

（2）在煤气系统中经常检修施工的部位，必须增设可靠切断煤气来源的装置和具备介质置换的条件，为煤气管网、设备检修及安全运行创造良好的条件。煤气管道、设备末端、最高处、隔断装置前均应设放散管。

（3）煤气、空气管道必须安装高、低压声光报警装置，低压声光报警应与自动隔断装置联锁；煤气储柜应增设柜容上、下限声光报警装置，并与相配套的安全设施联锁。所有声光报警装置均应能在正常生产状态下进行测试。

（4）强制送风的燃烧装置的助燃风管道应增设泄爆装置，末端应设有放散管，放散管应引到厂房外。

6.2.1.3 煤气设备、设施安全距离要求

（1）煤气过剩放散（均压放散），高度应大于50m，并有配套燃烧器，放散时必须点燃，其他放散管口（吹刷放散）高度高出煤气管道、设备和走台不得小于4m，距离地面不小于10m。

（2）厂房内或距厂房20m以内的煤气管道和设备上的放散管的管口应高出房顶4m，厂房很高又不经常使用的厂房外吹刷放散，可适当减低，使用时，应制定可靠的应急使用放散方案和安全措施，禁止在厂房内或向厂房内放散煤气。

6.2.1.4 煤气设备、设施安全管理要求

（1）煤气管网、设备未经产权单位和主管部门书面同意，不得任意更改。

（2）泄爆装置应有产权单位定期检查和测试，确保有效性。

（3）煤气区域岗位操作室要有良好的通信、通风设施，配备应急照明并根据自动监测报警装置技术发展水平，设置固定式CO等自动报警和监测装置，煤气区域操作室宜保持微正压。

6.2.1.5　煤气设备、设施安全相关要求

（1）放散管闸阀前应增设取样点，大于 0.5m 的煤气管道盲肠段应增设排气点。

（2）煤气管网的支架和设施基础，严禁用于起重支撑，严禁将其他管线、电缆等搭架在煤气管线上。伴随煤气管线线缆，必须采取穿管或置于托盘、槽盒中等机械性保护措施。

（3）放散管根部应焊加强筋，上部用挣绳固定，并采取防雨和防堵措施，放散管防雨应避免使用伞状防雨帽，防止压力偏大造成气流折射后煤气扑向低空发生事故。

（4）使用燃烧装置采用强制送风燃烧嘴时，煤气支管上应装逆止装置或自动隔断装置，煤气管道、设备易发生爆炸的部位应增设泄爆装置，泄爆装置宜选用弹压式泄爆装置，防止泄爆后大量煤气外泄发生次生事故；泄爆装置泄爆口不应朝向建筑物的门窗、安全通道、走梯平台、电器电缆等，一旦泄爆应使损失达到最小。

（5）不同的加压机、抽气机，不同的煤气管道及同一条煤气管道可靠切断装置两侧，严禁共用排水器。

（6）煤气管网所需用的蒸汽或氮气管线，只有在通蒸汽或氮气时，才能把蒸汽管或氮气管与煤气管道联通，停用时必须断开或堵盲板（确认盲板质量合格）。新工艺、新设备采取氮气联锁吹扫置换，氮气压力应增设低压声光报警，并采取防止氮气压力过低倒窜煤气的安全技术措施。

（7）煤气设施的人孔、阀门、仪表等经常有人操作的部位，均应设置固定走梯、平台、护栏，走梯应采用斜梯。

6.2.2　煤气设备、设施的施工过程管理

由于煤气生产系统具有易燃、易爆、易中毒的危险，煤气工程安装又大多是动用明火作业，为保证生产，一般是时间紧、任务重，有时还要带煤气危险作业。这就极易造成煤气中毒、着火、爆炸事故，甚至发生重大人身伤亡事故。

（1）建立健全组织领导机构。

1）针对检修等工程施工的各项内容，首先建立由相关部门、相关专业参加的检修、安装等领导小组，负责各专业的业务协调。

2）确定项目的安全负责人，并明确其职责，做到职责分工明确，责任到人，统一协调、统一指挥。

3）检修、安装等开工前，各相关负责人一定要与相关岗位联系好，密切配合。

（2）制定检修、安装安全方案。煤气设施的检修等施工作业，必须有煤气设备所属单位（产权单位）、施工单位事先制定的检修等施工方案和完善的安全措施。包括停送煤气指示图、施工工程计划方案、具体的停送煤气方案和安全技术措施。必须确定人员组织及分工，并申请批办作业手续。

6.2.3　检修、安装前的准备

检修、安装前的准备工作有：

（1）现场确认。施工项目的负责人必须按施工方案的要求，组织施工人员结合现场实

际情况，做好安全交底、技术交底，交代清楚施工项目、任务、施工方案，并落实施工安全措施。

（2）危险辨识。作为一级负责人必须做好施工现场、施工任务涵盖的危险性分析，在下达施工任务的同时，要下达施工项目的安全注意事项和安全技术措施，没有安全技术措施的施工项目一律不得开工。

6.2.4 安全方案的落实

安全方案的落实要做到：

（1）凡煤气设备、设施的检修或施工作业，必须严格执行工业企业煤气安全规程中的相关要求，办理《煤气管网、设备动火许可证》；

（2）进入煤气容器内作业，必须严格执行受限空间作业安全管理规定，施工单位要及时向产权单位提出申请，由产权单位负责组织办理相关手续，并负责落实。

6.2.5 安全教育

有产权单位要协同工程管理部门，在施工前对所有参加施工作业人员进行安全教育，使作业人员明确在施工作业过程中可能出现的危险因素及控制措施，其内容一般包括：

（1）施工作业必须遵守的有关施工安全规章制度。

（2）施工现场和过程中可能存在或出现的不安全因素及对策。

（3）施工作业过程中个体防护用具和用品的正确佩戴和使用。

（4）施工作业项目、任务、施工方案和施工安全措施。

6.2.6 检修、安装工程安全监督检查

煤气工程施工前的安全检查和准备是保证安全施工的前提。尤其产权单位必须认真检查煤气设施的阀门、放散、置换设施和气源，认真对个体防护、检测器材进行检查确认；负责将运行系统与施工设备、设施利用插盲板可靠切断，并进行残余煤气的吹扫置换，经检测合格，办理相关作业票，并签字后方可交付施工单位进行下一步作业，并办理交接手续，这些工作相关负责人必须认真落实。

（1）应对施工作业的脚手架、起重机械、电气焊用具、手持电动工具、扳手、管钳等各种工具进行检查，凡不符合作业要求的器具不得使用。

（2）应采取可靠的断电措施，切断需作业设备上的电器电源，并经启动复查确认无电后，在电源开关处挂上"禁止启动"的安全标志并加锁。

（3）对施工作业使用的气体防护器材、消防器材、通信及照明设备等设专人检查，保证完好可靠，并合理放置。

（4）应对施工现场的爬梯、护栏、平台、盖板等进行检查，保证安全可靠，清理施工现场的易燃易爆物品、障碍物、油污等影响施工的杂物，为施工作业人员创造一个安全的操作环境。

（5）对施工所用的移动式电器工具，必须配有漏电保护装置。

（6）检查清理施工现场的消防通道、行车通道以及作业人员的逃生线路，保证畅通无阻。

6.2.7　检修、安装后验收

施工完毕后，必须对所有施工涉及的管线、设备进行全面的安全检查，确认无误签字后方可交接进行送气。检查的重点是：

(1) 所有计划施工项目是否全部完成，有无漏项。

(2) 设备设施的安全设施是否恢复，施工质量是否达到要求。

(3) 设备内外有无杂物、工器具。

(4) 施工单位会同设备单位和有关部门对煤气管道、设备等进行试压、试漏。

(5) 检查各种管线、阀门等是否处于正常的运行位置。

(6) 机、电、仪是否具备运行条件，各种临时电源是否清除等。

6.3　煤气安全监测、防护仪器及设备的管理

煤气监测、防护仪器及设备包括正压式空气呼吸器、正压式氧气呼吸器、隔离式防毒面具、长管呼吸器、苏生器、便携式煤气监测仪、固定式煤气监测仪、空气呼吸器充气泵、氧气呼吸器充气泵等。

6.3.1　配备原则

(1) 凡煤气作业岗位和操控室必须配备必要的煤气监测报警仪和防毒仪器。

(2) 煤气监测、防护仪器的配备必须根据煤气生产岗位应急需求合理配置，防毒仪器不宜少于2台。

(3) 室内固定式一氧化碳监测报警仪器应安装在能代表整个房间空气流动状况的位置，安装高度应与人体的高度相适应，一般为1.5~1.7m，以便于观察。

(4) 煤气监测报警探头有效覆盖监测水平平面半径：室内宜为7.5m，室外宜为15m，不具备增设固定式监测报警器的条件时，可配备便携式监测报警仪。

6.3.2　基本要求

(1) 在设计、选型、采购、安装煤气安全监测、防护仪器及设备时严把质量关，禁止选择使用负压式氧气呼吸器。在运行中要加强日常点检、专业点检与维护管理，保持清洁，使其保持良好的运行状态。

(2) 煤气安全监测、防护仪器必须配备防护罩、防尘箱等，严禁灰尘侵入。必须按照以人为本的原则选择固定安放地点，不得任意拆除、停用和移位。确需变更安放位置，应以公告形式告知岗位工人，并举办应急演习引导职工熟知变更地点。

(3) 对煤气安全监测、防护仪器及设备，必须按产品使用说明书的要求定期检查、校验和测试，完善相应的测量设备台账。

6.3.3　设计选型与采购

(1) 煤气安全监测、防护仪器及设备的配备必须与煤气生产、储配、使用同时设计、同时安装、同时运行。在设计选型和采购时，必须选择符合国家安全技术标准要求检验合格的产品，并附有详细的使用说明书和鉴定合格证书。

（2）易燃、易爆场所选用监测仪器必须符合防爆要求。

（3）现场固定式监测报警装置应配备声光报警。报警主机必须引入 24h 有人值守的操作控制室。

6.3.4 使用管理

（1）煤气安全监测、防护仪器使用单位，必须建立使用、保养、维护管理制度和技术档案。

（2）煤气安全监测、防护仪器使用单位，必须按照标准、产品说明书要求，制定相应的安全管理制度，设立具备专业技术知识的人员负责管理，对防毒仪器定期检查。

（3）在使用煤气安全监测、防护仪器前，必须由专业人员对使用人员进行安全技术培训，使用人员经考核合格后方可使用。气瓶充填操作人员必须经专业培训取得压力容器作业人员证，并定期鉴定考核合格，方可上岗操作。

（4）在使用煤气安全监测仪器前，必须进行细致的检查、比对，确认其可靠性和准确性，如有异常，及时处理，不得勉强使用。

（5）防毒仪器严禁碰撞、烘烤、重压以及接触各种油类和溶剂，严禁水中浸泡。要做好防潮、防油污、防酸碱、防鼠害。

（6）各单位必须建立所属监测、防护仪器的管理台账，内容要包括检验日期、配备岗位名称、日期、地点、责任人等。

（7）对生产现场安装和放置使用的煤气安全监测、防护仪器，岗位人员要随时对监测、防护仪器进行检查、比对，按班交接，发现问题，及时上报和修理、更换，并做好记录。

（8）根据《工业企业设计卫生标准》（GBZ 1—2010）和《工作场所有害因素职业接触限值 化学有害因素》（GBZ 2.1—2007）：

TWA——8h 不利影响的环境污染的程度，CO 浓度为 43.75mg/m³（35ppm）。

STEL——15min 平均暴露程度，在这种工作环境条件下，没有短期暴露程度，接着要处于非暴露条件下 1h。每天暴露次数不超过 4 次，CO 浓度为 250mg/m³（200ppm）。

IDLH——暴露在此条件下 30min，会造成不可挽回的健康影响，CO 浓度为 1875mg/m³（1500ppm）。

考虑到生产现场环境实际情况，固定式一氧化碳报警仪一级报警值设为 62.5mg/m³（50ppm），二级报警值可设定为 250mg/m³（200ppm）；便携式一氧化碳报警仪一级报警值设为 43.75mg/m³（35ppm），二级报警值可设定为 250mg/m³（200ppm），禁止随意调整监测报警器的按键或旋钮，以防造成仪器监测失准发生煤气中毒事故。

（9）正压式空气呼吸器在备用状态下气瓶压力不得低于 23MPa，正压式氧气呼吸器备用状态气瓶压力不得低于 10MPa，禁止使用负压式氧气呼吸器。

（10）使用防毒仪器前必须检查供气系统的严密性。冬季使用空气呼吸器时，要注意防冻，以免呼吸阀冻结；夏季要注意防暴晒，以免气瓶爆裂。

（11）各单位要定期组织煤气岗位作业人员，根据本单位煤气事故应急预案进行煤气事故应急演习。通过演练，促使岗位作业人员熟练掌握煤气监测、防护仪器的正确佩戴和使用，并做好记录。

6.3.5　维护与保养

（1）煤气安全防护仪器存放室不得过于干燥和潮湿，室内必须清洁，禁止遭受灰尘、腐蚀污染，室温应保持在 5～30℃，相对湿度在 40%～80%，严禁靠近高温热源；监测、防护仪器严禁在潮湿环境中存放。

（2）煤气安全监测、防护仪器在使用过程中必须保持清洁，防护仪器要防止磕碰和灰尘侵入，使用时遭到污染，应立即进行清理，必要时进行消毒、清灰处理后再恢复使用。

（3）防毒仪器存放必须配备防尘箱，防尘箱应增设防毒仪器标识。

（4）使用煤气安全防护仪器完毕应及时清理、消毒和维护、保养、更换气瓶，使其处于完好应急备用状态。

（5）防护仪器要定期校验，气瓶必须定期打压试验。

（6）煤气安全监测、防护仪器使用单位、维修部门不得任意改变仪器的原设计参数，维修时不得采用与原规格、材料性能不符的零部件和材料。

（7）煤气监测、防护仪器经专业部门检验判为不合格且不能修复的，必须办理报废销账手续。

6.3.6　日常专项检查内容

煤气安全防护、监测仪器专项检查见表 6-3。

表 6-3　煤气安全防护、监测仪器专项检查表

检查人：　　　　　　　　　　　　　　　　　　　　检查时间：　　　年　　月　　日

类别	序号	检 查 内 容	存在问题
基础管理	1	煤气安全防护、监测仪器的配备必须选择符合国家安全技术标准要求检验合格的产品，并附有详细的中文使用说明书和鉴定合格证书，并建档保存。禁止选择使用负压式氧气呼吸器	
	2	煤气安全防护、监测仪器使用单位，必须按产品说明书标准要求，制定和建立相应使用、保养、维护等管理制度	
	3	煤气安全防护、监测仪器，必须按要求定期校验和测试，并做好记录备查	
	4	煤气安全防护、监测仪器使用单位应设立专、兼职人员负责管理	
	5	煤气安全防护、监测仪器使用前，必须进行细致检查，确认其可靠性和准确性，如有异常，及时处理，不得勉强使用。做好运行、使用、借用、充填、维护情况记录	
	6	煤气防护、监测仪器经专业部门检验判为不合格，必须禁止使用，修复后，经鉴定校验合格方可使用，并记录备案，不能修的，必须办理报废销账手续	
	7	对煤气防护、监测仪器在使用前必须由专业人员对使用人员进行安全技术培训，并结合本单位应急预案定期进行使用训练，并做好培训记录	

类别	序号	检　查　内　容	存在问题
现场管理	8	煤气安全防护、监测仪器使用和存放应注意防尘，防毒仪器必须配备防尘箱，对碳纤维气瓶有条件可增设阻燃保护用帆布套	
	9	煤气安全防护、监测仪器必须按照以人为本的原则选择安装固定和便于取用的安放地点，不得任意移位	
	10	对煤气安全防护、监测仪器，根据管理制度，加强日常点检、专业点检和清洁保养，使其保持良好的运行状态，并做好记录	
	11	对煤气安全防护、监测仪器严禁沾染油污，严禁水中浸泡	
	12	煤气安全防护仪器存放室不得过于干燥和潮湿，室内必须清洁，室温应保持在 5～30℃，相对湿度在 40%～80%，严禁靠近高温热源	
	13	煤气防护、监测仪器严禁长时间在潮湿环境中存放	
	14	煤气安全防护仪器必须保持清洁，防止磕、碰和灰尘侵入，使用时遭到污染，应立即进行清理消毒	
	15	煤气防护、监测仪器的配备必须根据煤气生产岗位需求合理配置，防毒仪器不得少于 2 台	
	16	煤气安全防护仪器的气瓶应定期检验，禁止超期使用	

6.3.7　常用煤气安全防护、监测仪器点检内容

6.3.7.1　正压氧气呼吸器点检内容

（1）是否沾染油污。

（2）背带、腰带、扣环、挂钩等是否完整、合适、好用。

（3）呼吸软管、面罩连接处是否严密牢固，面罩是否完好无损伤；气瓶是否超期。

（4）氧气瓶压力是否在 10MPa 以上，低压报警器是否良好。

（5）各连接部位和导管是否严密。

（6）自动补给、手动补给、排气阀和呼吸阀等是否好用。

（7）各部件的动作是否正常。

6.3.7.2　正压式空气呼吸器点检内容

（1）是否沾染油污。

（2）背板、面罩、背带、腰带、扣环、挂钩等是否完整、合适、好用。

（3）导气管、快速接口、面罩及呼吸量需求阀等是否完好、无损伤。

（4）气瓶连接是否牢固。

（5）测试高压下各连接部位和导管是否漏气，低压报警器是否良好，气瓶压力是否在 23MPa 以上，气瓶无超期。

（6）各部件的动作是否正常。

6.3.7.3 自动苏生器点检内容

（1）是否沾染油污。

（2）扣锁、提手是否完好。

（3）附件是否齐全完好。

（4）氧气瓶压力是否在 10MPa 以上，气瓶无超期。

（5）各接头气密性是否良好，各旋钮是否灵活。

（6）吸引装置连接是否完好。

（7）自动肺是否完好。

（8）面罩、呼吸阀是否完好。

6.3.7.4 氧气充填泵点检内容

（1）动力接线、网路内保险丝、接地线是否良好。

（2）各连接是否完好无损伤。

（3）润滑、冷却系统液位是否符合标准。

（4）打开气源，检查是否漏气。

（5）曲轴旋转方向是否与皮带罩上箭头方向一致。

（6）单向阀气密性是否良好。

（7）安全阀是否良好。

（8）泵体是否漏油。

6.3.7.5 空气充填泵点检内容

（1）动力接线、网路内保险丝、接地线是否良好。

（2）导气管及其连接是否完好。

（3）高压充气管接头连接是否严密。

（4）润滑、冷却系统液位是否符合标准。

（5）机械连接是否牢固。

（6）曲轴旋转方向是否与皮带罩上箭头方向一致。

（7）安全阀是否良好。

（8）冷凝物排放阀是否良好。

7 冶金煤气应用新技术及展望

随着冶金行业生产规模的不断扩大，煤气作为二次清洁能源，得到广泛的开发和应用，煤气的净化、燃气－蒸汽联合发电、焦炉煤气制氢、焦炉煤气制甲醇、TRT 发电、转炉煤气干法除尘、高炉煤气干法除尘、煤气的输配等煤气应用技术也在不断发展，使用纯高炉煤气、纯转炉煤气的设备设施大幅增加，随着科技的发展和人类创造潜能的发挥，煤气生产使用设施已经向高技术化、高智能化、大型化和复杂化发展。随着自动化程度的提高以及计算机的应用，工人的劳动形式也发生了深刻的变化，工人的劳动由身体负荷向精神负荷转化，由动负荷向静负荷转化，由全身负荷向局部负荷转化，由肌肉负荷向感觉负荷转化等。根据对近年来冶金行业煤气事故的分析，煤气灾害类型，将是大规模性的，表现为着火、爆炸和毒物逸散等可能引起群死群伤的三大现代灾害形式。

另外，从冶金系统作业人员调查情况看，由于煤气作为清洁能源的广泛应用，涉及煤气岗位操作人员已占冶金行业人数的三分之一，鉴于净化后的煤气无色、无味、易燃、易爆、易中毒，极易造成群死群伤等重大恶性事故，经济损失大，社会影响极坏，煤气安全应用必须作为重大风险强化管理，充分发挥燃气专业工程技术人员的聪明才智，有效抑制和减少煤气事故发生，做到检测监控有效、安全联锁可靠、员工操作精准、应急救援科学，提高煤气应用效率。

从国家宏观层面看，我国仍然处在"五化"发展阶段：城镇化、工业化、信息化、市场化、国际化。从目前我国冶金行业的发展阶段看，冶金行业已经进入了产能过剩和淘汰落后产能的工业化的中后期，增速面临下降和拉动力下降的压力。因此，顺应我国经济"十二五"发展趋势，冶金行业也应向工业优化（高加工度和技术化）、服务化和信息化方面发展。

7.1 高炉煤气新工艺技术的开发和应用

7.1.1 高炉煤气干法除尘技术发展现状及应用前景

我国高炉煤气干法除尘技术近年来得到了飞速发展。随着气候变暖，水资源的匮乏，冶金行业作为水资源使用大户，高炉采用干法除尘势在必行。高炉干法除尘是中国钢铁工业协会重点推荐应用的高炉煤气净化技术，与湿法除尘相比，不仅简化了工艺系统，从根本上解决二次水污染及污泥的处理问题，而且配合干式 TRT 可合理利用煤气显热，显著提高发电水平。根据各大钢厂高炉全干法除尘的工程建设和运行实绩，与传统湿法除尘比较，高炉煤气全干法除尘技术主要优点如下：

（1）投资省。干法投资仅为湿法投资的 70%。

（2）占地少。面积不到湿法的 50%。

（3）不耗水，少污染。吨铁节水 $0.7 \sim 0.8 m^3$。

（4）动力消耗少，节电效果明显。采用干法除尘后，没有冷却水，也就不需要污水处理系统，可降低电耗。

（5）煤气净化效果好。煤气含尘低于 $3mg/m^3$。

（6）可充分利用煤气显热。净煤气温度比湿法提高约 100℃。

（7）干式 TRT 可多发电 30% 以上。

（8）降低焦比。由于干法除尘后的煤气温度较高，供给热风炉后，风温提高 50℃ 以上，可降低焦比。

（9）环保。由于不需要污水处理系统，可减少污染。

7.1.2　高炉煤气余压发电装置及其应用前景

钢铁工业是用能大户，其中高炉炼铁耗能最多，约占钢铁厂能量总耗的 40%。高炉煤气具有很大的能量，它包括以反应热为代表的化学能和以压力、温度等表现的物理能，前者一向作为钢铁厂的主要热能来源，有效地用于各热力设备上，而后者的回收及利用却很差。近年来高炉煤气余压发电技术得到广泛的应用，充分利用了高炉煤气的物理能。

7.1.2.1　高炉余压发电

高炉煤气余压透平发电装置（blast furnace top gas recovery turbine unit，以下简称 TRT），是利用高炉冶炼的副产品——高炉炉顶煤气具有的压力能及热能，使煤气通过透平膨胀机做功，将其转化为机械能，驱动发电机或其他装置发电的一种二次能源回收装置。现在，该装置是节能减排以及 CDM（清洁发展机制，clean development mechanism）倡导的环保产品（见图 7-1）。

图 7-1　高炉煤气余压透平发电装置

该装置既回收减压阀组泄放的能量，又净化煤气、降低噪声、稳定炉顶压力，改善高炉生产的条件，不产生任何污染，可实现无公害发电，是现代国内外钢铁企业公认的节能环保装置。

7.1.2.2　高炉煤气全热送技术的发展及应用前瞻

A　高炉煤气全热送技术的发展

随着高炉煤气全干法除尘技术的应用，湿法除尘技术将逐步退出历史舞台，净煤气温度一般在 80~150℃ 之间，大多数冶金企业需要喷水降温，在喷水降温过程中，损失煤气大量的显热，又由于喷水降温，增加了煤气的湿度，在后续输送中，饱和水的析出，又增加了污水的同时，煤气管线的腐蚀也在加剧，通过管线膨胀器的合理改造和储存设备的改造可以实现煤气热送。

B 低热值高炉煤气的应用

钢铁企业的副产高炉煤气具有产量大、热值低的特点，约占总副产煤气体积的80%以上，现代大高炉煤气热值仅为 $2931 \sim 3768kJ/m^3$。

由于高炉煤气的这一特点，在钢铁企业内部，除热风炉外，能单独使用低热值高炉煤气的不多，大多需要配入一定量的高热值焦炉煤气或其他高热值燃气，才能满足其工艺要求。这大大限制了高炉煤气的充分利用，只好把剩余高炉煤气发生量的50%左右送至缓冲用户的自备电厂或供热锅炉烧掉。这就严重限制了高炉煤气的使用。

高炉煤气的热送，可以有效提高高炉煤气热值，扩大低热值高炉煤气的应用，是一项大有可为的循环利用、节能环保的利用途径。其次，新型蓄热式轧钢加热炉的开发和应用，进一步扩大和提高了高炉煤气的应用途径，效果非常显著。

7.2 转炉煤气新工艺技术的开发和应用

7.2.1 转炉煤气干法净化回收技术应用前景

在转炉炼钢生产过程中，经常产生大量的煤气与烟尘，造成环境的严重污染；由于排出的烟尘中含有大量铁粉，而这些铁粉又不能全部回收，又造成了资源的极大浪费。因此，保护环境、解决转炉炼钢污染问题、对烟尘进行综合利用，成为转炉生产中一项紧迫的任务。国家发改委在重大产业技术开发专项计划中，将"转炉煤气净化回收技术"作为国家重点开发推广的技术项目。

目前煤气干法（LT法）净化回收技术的应用，无论是在除尘和节能效果方面，还是在产生的经济效益方面，都获得了重大的突破。该法经在几个冶金企业应用后显示，其既提高了企业的装备水平，又彻底解决了转炉生产污染环境的问题，使煤气得到了有效回收利用。这一技术的开发，将促进钢铁行业及其他行业在粉尘治理、煤气回收综合利用等方面的快速发展。

LT法的特点主要包括：

（1）除尘净化效率高，通过电除尘器可直接将粉尘浓度降至 $10mg/m^3$ 以下。

（2）该系统全部采用干法处理。

（3）系统阻损小，煤气发热值高，回收的粉尘可直接利用。

（4）系统简化，占地面积小，便于管理和维护。

因此，LT法煤气净化回收技术在国际上已被认定为今后发展的主流。它可以大幅度消减转炉炼钢过程的能耗，有望实现转炉无能耗炼钢的目标。

7.2.2 转炉煤气显热的利用

炼钢转炉产生的煤气温度可达1600℃。近几年来，回收转炉煤气显热的过热汽轮机发电系统已经投入应用。它包括炼钢转炉、汽化冷却烟道、耐高温除尘器、余热锅炉、精除尘器、汽包、汽轮机、发电机，依次通过所述汽化冷却烟道、扩散式旋风除尘器和余热锅炉，降温至200℃以下后进入精除尘器，该精除尘器后部连接有煤气回收排放装置；所述汽化冷却烟道中布置的过热器将汽包分离出来的饱和蒸汽转化成温度为350~400℃、压力为1.5~2.5MPa的过热蒸汽，并以主蒸汽的形式进入多进口过热汽轮机，驱动汽轮机组发电。通过三套转炉余热回收系统的配合推进多进口汽轮机持续工作，使发电系统得以安全稳定地运行。从而在实现转炉无能耗炼钢的目标方面很有应用前景。

7.3　焦炉煤气新工艺技术的开发和应用前瞻

随着炼焦行业、钢铁工业和化学工业的飞速发展，焦化工业在我国出现超常规的发展态势，目前我国已是世界上最大的焦炭生产、消费和出口国，2011年焦炭总产量为4.28亿吨，同时伴生1300多亿立方米焦炉煤气。近年来，我国焦化行业的焦炉煤气出路，已成为独立焦化企业生存发展的关键，不但要有"焦"的能力，更应把"化"的价值做大，依靠焦炉煤气的资源化开发应用，来寻求新的经济增长点。焦炉煤气中含有丰富的氢气，约占55%（体积分数），目前焦炉煤气主要用作工业和民用燃料，宝贵的氢气资源被当作燃料燃烧掉。这些剩余煤气大部分没有得到有效利用，焦炉煤气的综合利用迫在眉睫。

7.3.1　焦炉煤气制氢

随着冶金成本的增加，深加工技术不断被开发和应用，高纯度氢气在轧钢、化工合成工业日趋显现，用来作为冷轧钢板保护气及合成化工基本原料等。变压吸附制氢气体分离技术在工业上得到了广泛应用，已逐步成为一种主要的气体分离技术。它具有能耗低、投资小、流程简单、操作方便、可靠性高、自动化程度高及环境效益好等特点。变压吸附技术在焦炉煤气提氢技术的发展水平上已经形成很成熟的工艺。

7.3.2　焦炉煤气制甲醇

经过调查发现，生产工业原料甲醇成为目前我国焦炉煤气综合利用的主要方式。到2010年底，其产能总规模已达到700万吨，是"十一五"初期20万吨总规模的35倍。焦炉煤气制甲醇作为资源综合利用众多方式中工业化、市场化最快的路径，以其资源综合利用、成本相对较低的优势，将在"十二五"期间继续快马加鞭，赢得更好的市场空间和发展机遇。

7.3.3　焦炉煤气甲烷化利用

从目前我国能源结构看，甲醇产能过剩，而天然气供需严重不足，开辟新的清洁能源，将焦炉气甲烷化制合成天然气（SNG），是重要的发展方向，投资省，能量利用率更高，节能效果明显，进而再生产压缩天然气（CNG）或液化天然气（LNG），会产生更明显的经济效益与社会效益，对促进焦化行业技术进步与产业可持续发展具有重要的意义。

山西同世达煤化工集团2011年建成投产$5000m^3/d$（标态）焦炉煤气低温甲烷化制天然气工业示范装置。通过运行状况表明，示范装置工艺流程短，成本低，节能显著，为高碳能源低碳化利用奠定了技术基础。

7.4 煤气安全技术的开发和应用前瞻

7.4.1 安全报警控制装置

7.4.1.1 压力监测声光报警系统和快速切断装置

完善煤气输配和使用设施的煤气管网压力监测声光报警系统和快速切断装置，达到有效防止因意外原因煤气压力突变而引发的回火、爆炸、中毒事故。

2006 年 11 月 21 日，某烧结厂由于微机自动化操作系统突然死机，在重新启动过程中，混配系统阀门出现误动作，高炉煤气阀门迅速开大，造成焦炉煤气短时间内混配量急剧减少，操作工采取改手动控制的操作过程中，造成煤气突然熄火、煤气大量泄漏的险肇事故。低热值煤气的应用中，极易脱火、灭火，造成煤气大量泄漏事故。为避免事故，可采用泄漏监测报警与快速切断联锁。

7.4.1.2 防泄漏式煤气管线排水器

煤气通过管线在密闭系统中输送，排水器由于盛装水等柔性介质把煤气与外部环境隔离，当管线内压力波动时，柔性介质极易被击穿，造成煤气泄漏，进而引发事故。

2005 年 10 月 26 日，某钢铁厂转炉煤气排水器因未将排水器灌满水导致水封被冲破，煤气泄漏，造成 9 人中毒死亡事故。推广使用防泄漏式煤气管线排水器，可有效解决通用排水器因管网压力波动造成水封压穿、泄漏煤气引发事故的缺陷，提高了安全性。

7.4.1.3 弹压式泄爆装置

加热炉煤气系统增设弹压式泄爆装置，当煤气压力突变时能够快速切断煤气气源，避免回火爆震对管线的损伤，且能避免泄爆后煤气的大量放散及回火，有效地保护煤气设施不受损伤。

7.4.1.4 在线监测和安全联锁控制系统

煤气系统中泄漏监测/压力监测与快速切断实现联锁，能够有效弥补煤气事故突发时操作人员反应滞后的缺陷。自动化装备水平得到提高的同时，也提升了对煤气事故的应急处置能力，一方面降低突发煤气事故突发的危险性，另一方面确保煤气危险作业的安全实施。

7.4.2 转炉煤气加臭技术的应用

根据国家安监总局安监总管四〔2010〕125 号《进一步加强冶金企业煤气安全技术管理有关规定的通知》第五条"转炉煤气和铁合金炉煤气宜添加臭味剂后供用户使用"的要求，由于转炉煤气、铁合金煤气一氧化碳含量高，易导致中毒的危险性，在转炉煤气使用工程中实施添加臭味剂，可以提高转炉煤气使用的安全性。目前比较成熟的工艺如图 7-2 所示。

7.4.3 燃烧自动与安全控制技术及其发展

近年来，燃气清洁能源的利用在给冶金行业造福的同时，也带来了巨大的损失。2004

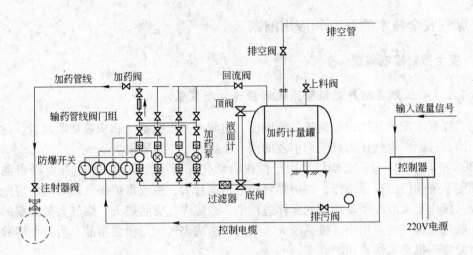

图 7-2　转炉煤气添加臭味剂工艺简图

年 9 月 23 日，某铸管公司煤气发电厂在新建的燃气锅炉调试过程中发生煤气爆炸，造成 13 人死亡，8 人受伤。燃烧自动和安全控制技术的研究和应用，是燃气应用技术发展的非常关键的课题。

　　在加热炉等燃气使用设备上装有燃烧自动及安全装置，使炉子启动时能自动检测、自动吹扫及自动点火，而后又能使炉子在燃烧过程中自动达到工艺所需要的最佳参数（温度、压力及气氛等），从而提高产品质量、数量，降低热耗指标和减轻劳动强度；而且又可保证安全生产，并有利于环境保护。

　　在燃气应用设备上安装安全自动保护装置的目的，是为了保证燃气燃烧的安全性及可靠性，以避免不幸事故的发生。例如，安装燃气压力过高或过低以及熄火保护装置，都是为了在发生异常现象时切断燃气，防止爆炸等不幸事故的发生。所以，应根据燃气应用设备的用途、需要和目前技术经济的可行性来选择手动、半自动或全自动装置。

　　由于燃气工业炉类型繁多，功能又各不相同，自动控制及安全装置也各不一样。但对一般加热炉来说，可以对三个相互联系的参数，即温度、燃气及空气量和压力，采取自动控制，并安装空气不足、熄火保护以及自动点火等装置，来实现燃气炉窑的自动控制。

附　录

附录1　关于进一步加强冶金企业煤气安全
技术管理的有关规定

（安监总局于 2010 年 7 月 27 日，下发了《国家安全监管总局关于印发进一步
加强冶金企业煤气安全技术管理有关规定的通知》）

针对《工业企业煤气安全规程》（GB 6222—2005）在执行中存在的不足或缺陷，现就进一步加强冶金企业煤气安全技术管理提出以下有关规定：

一、冶金企业应严格执行《工业企业煤气安全规程》（GB 6222—2005），建立和完善煤气安全管理制度，落实相关要求。

二、煤气危险区域，包括高炉风口及以上平台、转炉炉口以上平台、煤气柜活塞上部、烧结点火器及热风炉、加热炉、管式炉、燃气锅炉等燃烧器旁等易产生煤气泄漏的区域和焦炉地下室、加压站房、风机房等封闭或半封闭空间等，应设固定式一氧化碳监测报警装置。

三、煤气生产、净化（回收）、加压混合、储存、使用等设施附近有人值守的岗位，应设固定式一氧化碳监测报警装置，值守的房间应保证正压通风。

四、在煤气区域工作的作业人员，应携带一氧化碳监测报警仪，进入涉及煤气的设施内，必须保证该设施内氧气含量不低于 19.5%，作业时间要根据一氧化碳的含量确定，动火必须用可燃气体测定仪测定合格或爆发实验合格；设施内一氧化碳含量高（大于 50ppm（62.5mg/m^3））或氧气含量低（小于 19.5%）时，应佩戴空气或氧气呼吸器等隔离式呼吸器具；设专职监护人员。

五、转炉煤气和铁合金炉煤气宜添加臭味剂后供用户使用。

六、水封装置（含排水器）必须能够检查水封高度和高水位溢流的排水口；严防水封装置的清扫孔（排污闸阀或旋塞）出现泄漏。

七、检修的煤气设施，包括煤气加压机、抽气机、鼓风机、布袋除尘器、煤气余压发电机组（TRT）、电捕焦油器、煤气柜、脱硫塔、洗苯塔、煤气加热器、煤气净化器等，煤气输入、输出管道必须采用可靠的隔断装置。

八、用单一闸阀隔断必须在其后堵盲板或加水封，并宜改造为电动蝶阀加眼镜阀或插板阀。

九、过剩煤气必须点燃放散，放散管管口高度应高于周围建筑物，且不低于 50m，放散时要有火焰监测装置和蒸汽或氮气灭火设施。

十、煤气管道和设备应保持稳定运行。当压力低于 500Pa 时，必须采取保压措施。

十一、吹扫和置换煤气管道、设备及设施内的煤气，必须用蒸汽、氮气或合格烟气，不允许用空气直接置换煤气。

十二、煤气管道应架空铺设，严禁一氧化碳含量高于 10% 的煤气管道埋地铺设。

十三、煤气管道宜涂灰色，厂区主要煤气管道应标有明显的煤气流向和种类标志，横跨道路煤气管道要标示标高，并设置防撞护栏。

十四、煤气管道的强度试验压力应高于严密性试验压力；高压煤气管道（压力大于或等于 $3 \times 10^4 Pa$）的试验压力应高于常压煤气管道。

十五、煤气设备设施和管道泄爆装置泄爆口，不应正对建筑物的门窗，如设在走梯或过道旁，必须要有警示标志。

十六、凡开、闭时冒出煤气的隔断装置盲板、眼镜阀或扇形阀及敞开式插板阀等，不应安装在厂房内或通风不良之处，离明火设备距离不小于40m。

十七、煤气设备设施的改造和施工，必须由有资质的设计单位和施工单位进行；凡新型煤气设备或附属装置必须经过安全条件论证。

十八、生产、供应、使用煤气的冶金企业必须设立煤气防护站，配备必要的人员、救援设施及特种作业器具，做好本单位危险作业防护和救援工作。

十九、从事煤气生产、储存、输送、使用、维护、检修的作业人员必须经专门的安全技术培训并考核合格，持特种作业操作证方能上岗作业。

附录 2 山东省冶金煤气安全生产重点措施

一、煤气安全"十必须"

1. 煤气生产、供应和使用单位必须设立煤气防护站（组）；煤气从业相关人员必须培训持证上岗。

2. 煤气区域必须设置齐全安全警示标志。

3. 煤气岗位必须配置隔离式呼吸保护器具和安全检测报警仪器。

4. 任何煤气作业必须制定落实好安全措施。

5. 进入煤气区域作业必须 2 人以上。

6. 进入煤气区域作业必须随身佩带便携式一氧化碳监测报警仪器。

7. 带煤气作业或进入煤气中毒风险场所作业必须佩戴隔离式呼吸器。

8. 高度危险煤气作业必须实行作业许可、办理票证、检测确认制度。

9. 煤气设施停煤气检修必须可靠地切断煤气来源并将内部煤气吹净、检测合格。

10. 煤气作业必须设置现场安全监护人。

二、煤气安全"十禁止"

1. 煤气区域严禁烟火，严禁堆放易燃、易爆危险物品。

2. 煤气区域严禁设置人员密集的会议室、活动室、休息室、更衣室等。

3. 煤气区域严禁长时间逗留或休息。

4. 严禁雷雨天或在厂房内放散煤气。

5. 严禁在低气压、大雾、雷雨等恶劣天气及靠近高温热源带煤气危险作业。

6. 严禁蒸汽、氮气、水等其他介质管道与煤气管道硬连接，停用时必须断开或堵盲板。

7. 严禁盲板、眼镜阀或扇形阀及敞开式插板阀安装在厂房内。

8. 严禁煤气设备和管道泄爆装置泄爆口正对建筑物的门窗、安全通道或走梯平台。

9. 严禁煤气用户先送煤气后点火；直径大于 100mm 的煤气管道起火时严禁关闭煤气阀门灭火；进入煤气设备内部工作时使用照明电压严禁超过 12V。

10. 严禁发生煤气事故后盲目冒险作业、冒险抢救。

三、煤气检修安全作业"六不干"

1. 作业任务不清楚不干。

2. 责任分工不明确不干。

3. 作业现场无安全交底不干。

4. 无安全作业方案不干。

5. 无安全确认、无检测不干。

6. 无安全监护不干。

备注：

煤气检修安全作业方案包括三个方案。一是检修工作方案；二是停气和吹扫方案；三是送气置换方案。方案应包括组织指挥机构、检修内容和涉及范围、检修程序、安全措施和应急处置等内容；应办理有关作业的许可证，做好安全确认，并进行严格检测并记录，做到统一指挥，令行禁止。

四、煤气安全实行"五票"

1. 煤气盲板作业票。
2. 煤气设备（区域）动火作业票。
3. 煤气区域高处作业票。
4. 煤气设备内部作业票。
5. 停（送）煤气作业票。

备注：

（1）煤气盲板作业是高风险带煤气作业行为，必须严格执行煤气盲板作业票制度。作业票应包含作业单位、作业负责人、监护人、作业地点、作业时间、盲板规格尺寸、煤气介质、煤气压力以及安全措施等内容，同时要认真绘制并标明管道名称、位置的草图。

（2）煤气管网、设备动火作业为高危险作业，分为带煤气动火作业和停煤气动火作业；动火票应包含动火地点、动火时间、动火类别（分停煤气和带煤气两类）、动火内容、现场动火负责人及动火执行人（施工单位承担）、现场监护人、煤气压力及压力看守人、动火安全措施等内容，不得缺项和更改，同时要认真绘制动火管网、设备草图。

（3）煤气区域高处作业按照国家高处作业安全规定执行；同时要做好防煤气中毒等引起的高处坠落。

（4）煤气设备内部作业按照国家缺氧作业以及受限空间作业安全规定执行。

（5）停（送）煤气作业票应包含作业单位、作业负责人、监护人、停（送）煤气工艺流程图、作业步骤、安全措施以及检测确认内容。

（6）进入煤气电净化设备如电除尘器内部作业实行两票制（必须办理停电作业票和煤气设备内部作业票）。

五、煤气安全"三项制度"

1. 安全确认制度。
2. 安全检测制度。
3. 安全监护制度。

备注：

（1）安全确认制度：在煤气生产作业活动以及高危险作业活动前、中、后必须严格落实安全确认制度，履行确认手续，必要情况下留存书面记录。

（2）安全检测制度：在有关煤气作业活动中进行相关一氧化碳、氧气等气体含量以及爆炸实验检测，必须留存书面记录。

（3）安全监护制度：在煤气生产作业活动以及高危险作业活动全过程实行专人监护。

参 考 文 献

［1］ 国家质量监督检验检疫总局．GB 6222—2005 工业企业煤气安全规程［S］．北京：中国标准出版社，2005．

［2］ 兰州化学工业公司职业病防治所编．窒息性气体中毒的防治［M］．北京：化学工业出版社，1979．

［3］ 国家质量监督检验检疫总局．GB 12710—2008 焦化安全规程［S］．北京：中国标准出版社，2009．

［4］ 邵明天，柳润民，刁承民，等．炼钢厂生产安全知识［M］．北京：冶金工业出版社，2011．

［5］ 中华人民共和国职业安全卫生与锅炉压力容器监察局．工业防爆技术手册［M］．沈阳：辽宁科学技术出版社，1996．

［6］ 王清．有毒有害气体防护技术［M］．北京：中国石化出版社，2007．

［7］ 王清．有毒有害气体安全防护必读［M］．北京：中国石化出版社，2007．

［8］ 蒋路．煤气安全技术［M］．武汉：武汉安全环保研究院，2000．

［9］ 谢全安，田庆来，杨庆彬，等．煤气安全防护技术［M］．北京：化学工业出版社，2006．

［10］ 陈红萍，王胜春编．煤气基础知识［M］．北京：化学工业出版社，2008．

［11］ 杨富．冶金安全生产技术［M］．北京：煤炭工业出版社，2010．

［12］ 魏萍，程振南．煤气作业人员安全技术培训教材［M］．北京：中国建材工业出版社，1999．

［13］ 详细认识矿山救护队［EB/OL］．（2010 – 05 – 26）［2012 – 02 – 26］http：//91ex．com/a/knowledge/aqjs/2010/0526/2496．html

冶金工业出版社部分图书推荐

书　　名	作　者	定价（元）
焦炉煤气净化生产设计手册	范守谦	88.00
煤气安全知识300问	张天启	25.00
新型干式煤气柜	谷中秀	36.00
橡胶膜型干式煤气柜	谷中秀	35.00
焦炉煤气净化操作技术	高建业	30.00
安全管理基本理论与技术	常占利	46.00
危险评价方法及其应用	吴宗之	47.00
钢铁生产概览	中国金属学会　译	80.00
镍铁冶金技术及设备	栾心汉	27.00
系统安全评价与预测（第2版）（本科国规教材）	陈宝智	26.00
热能与动力工程基础（本科国规教材）	王承阳	29.00
防火与防爆工程（本科教材）	解立峰	45.00
安全评价（本科教材）	刘双跃	36.00
化工安全（本科教材）	邵　辉	35.00
重大危险源辨识与控制（本科教材）	刘诗飞	32.00
冶金企业环境保护（本科教材）	马红周	23.00
冶金炉料处理工艺（本科教材）	杨双平	23.00
冶金课程工艺设计计算（炼铁部分）（本科教材）	杨双平	20.00
冶金过程数学模型与人工智能应用（本科教材）	龙红明	28.00
特种冶炼与金属功能材料（本科教材）	崔雅茹	20.00
炉外精炼教程（本科教材）	高泽平	40.00
安全系统工程（高职高专教材）	林　友	24.00
钢材精整检验与处理（高职高专教材）	黄聪玲	34.00
现代钢铁生产概论（高职高专教材）	黄聪玲	35.00
现代冶金企业管理（高职高专教材）	张永涛	46.00
冶金原理（高职高专教材）	卢宇飞	36.00
铁合金生产工艺与设备（高职高专教材）	刘　卫	39.00
高炉炼铁设备（高职高专教材）	王宏启	36.00
炼钢工艺及设备（高职高专教材）	郑金星	49.00
炼铁工艺及设备（高职高专教材）	郑金星	49.00
金属铝熔盐电解（高职高专教材）	陈利生	18.00
湿法冶金——电解技术（高职高专教材）	陈利生	22.00
转炉炼钢实训（职业技术学院教材）	冯　捷	35.00
矿热炉控制与操作（高职高专教材）	石　富	37.00